拉康喜欢那些关闭着的门，

不亚于他喜欢闯红灯。

围墙对他而言就是一种挑战，

它总是戏谑地暗示着，

只有拉康有本事借助黑夜侵入那里。

与拉康一起的日子

LA VIE AVEC LACAN

[法] 凯瑟琳·米约

（Catherine Millot）/ 著

吴张彰　何逸飞 / 译

重庆大学出版社

那时，我感到自己从拉康内心深处抓住了他的存在。如觉察他与世界的关系一般，我穿行于通往他私密领域的秘道，那里，流露着他与万事万物、与他自己的关系。仿佛我已潜入他心底。

这种理解拉康内心的感觉伴随着这样一种印象，即我完全被他的理解所涵盖了，而那种理解的疆域远大于我的。他广博的心灵世界包裹着我的心灵世界，仿佛一片领域容纳着另一片更小的领域。在特斯特（Teste）女士谈到她丈夫的一封信中，我发现了类似的想法。

与她类似，我则是在拉康面前自感透明，我相信，他对我有着一种绝对的认识。无所隐瞒、无所保留，这让我在他面前获得了一种全然的自由，但又不仅如此。我存在的精华也交托于他，由他守护，而我则从中解脱。于是在他身边那些年，我如释重负。

有一天，他摆弄那些令他头大的绳圈时，突然对我说："你看看，这个就是你啊！"作为一个人、作为一个无所谓是谁的人，我成了他难以把握、给他造成麻烦的实在。从他这句话中，我突然意识到，我心中对他的抗拒也就是那种实在的抗拒。

我是如何理解我所说的"他的存在"的呢？正是他那特殊独到之处，也是他那"实在"的分量。如今我再试图去理解这种存在时，他那专注的力量便浮现在眼前，那是一种几乎永恒的专注，专注于他从未厌烦的思考对象。久而久之，他被极度简化。而在某种程度上，他不止如此，不止处于一种纯粹的专注，这种专注还与他的欲望混合，让后者清晰了起来。

我从他走路的姿势里也发现了这种专注，他走路时先伸出头，仿佛身体的重量都集中在了头部，随后又是一步，身体方才再次获得平衡。但人们还是能从这种不稳定的步伐中感受到一种确定性，他在路上不会只走一段，而会一直走到底，一直保持直线。他不关注那些从他面前横穿而过的人，就像完全忽视了他们，任何情况下这些人都不会激起他的任何想法。他总能让人不经意地想起，他是白羊座。

我第一次留意他的路姿，是在意大利五乡地（Cinque Terre）的小径上。午饭过后，他拉着大家去散步，可当时正值八月，烈日炎炎，却没有人敢提出异议。于是他一个人专横地走在前面。自己中暑，或其他人中暑的风险都不在他的考虑范围之内。于是我们沿着突出于海面的山岭，从一个沿海的村落走到另一个村落，接着又乘坐当地的小火车折返。

在那个夏天，他还在马纳罗拉（Manarola）的小海湾中滑水冲浪，紧攥绳头，紧随前方船的航线，又一次直来直去。之后那个冬天，在蒂涅山（Tignes）的山坡滑雪时，拉康看上去也不太懂直道速降。几年前他还因此摔断了腿。也正是那时，他的秘书格洛丽亚（Gloria）开始为他工作。断腿导致的动弹不得让他十分恼怒，以至于这股暴躁气都倾泻到了这位可怜的女士身上。于是她也失去了耐心。当时拉康躺在床上，腿上打着石膏，格洛丽亚抓住他的一条腿，将它抬起，又突然放它落下。面对这位并不怯场的女人，拉康先是一愣，随即改变了语气，开始饶有兴致地跟她说话，问她的故事。就是从这一天起，二人间结下了不渝的忠诚。

再后来，从他吉特朗古尔（Guitrancourt）乡间的宅子，到他有部分产权的高尔夫球场（但他从来不打高尔夫），我都常常陪着他。这片高尔夫球场仅仅是用于散步的。然而，"散步"一词并不恰当。

拉康在那里依然是直来直往，低着头，穿过树林和田野，即便总是被灌木绊倒、踩进新翻耕地的泥浆，但他从未偏离方向。我很想知道，他究竟是怎么找到方向，而不会迷路的。我是穿着雨靴跟着他走的，而他穿着漂亮的定制鞋踩得满脚是泥也毫不在乎。到了高尔夫球场后，他便打电话给"耶稣"，让他开车接我们回去。这位"耶稣"是他吉特朗古尔宅子的门卫，拉康喜欢称呼他为"好耶稣"。

他开车也是这种姿势。头往前，紧握着方向盘，蔑视一切障碍，正如我一个朋友说的，即便遇到了红灯，他也从不减速，更别提什么礼让先行。当第一次在限速将近时速200公里的高速公路上开车时，他着实开得太慢，我忍不住大笑了起来。但我让他再开快点时，他根本没有注意到，因为他正在专心着呢。

然而有一天，我们前方的那辆车突然减速了，为了不撞上它，拉康不得不踩下刹车，但根本没刹住，车子失去了控制。这次事故是他那种自己刀枪不入的感觉造成的，在他身边我也有了些许这种感觉。但我快要感到害怕了，坐他的车成了一种折磨。求他减速都是白费劲。为了让拉康减速，他继女洛朗丝[1]有次要了个花招。她让拉康开慢些，好让她"看看风景"。拉康却回答说："你看仔细一点就是了。"

又有一次，我陪他回吉特朗古尔，他在高速公路上被警察拦下来了。那是周日的晚上，路上还很拥堵，他习惯走应急车道，好超过堵在路上的车流，然而那些被超车的司机十分愤怒，他们会突然猛打方向盘，拐到应急车道上，我们险些撞车。当晚，我们被警察带到了圣克卢隧道附近的警察局。拉康在那里等了很久，才有机会辩称，自己是因紧急医疗事件才违章开车的。在漫长的等待中，他没有显现出不耐烦。有时候，"实在"正是警察的面庞。

拉康的开车方式是他伦理的一部分。那么他以寓

1　拉康第二任妻子西尔维娅·巴塔耶（Sylvia Bataille）与她前夫乔治·巴塔耶（Georges Bataille）的女儿洛朗丝·巴塔耶（Laurence Bataille），也就是拉康的继女。——译者注

言的方式向其分析家，国际精神分析学会（IPA）的大佬鲁道夫·洛文斯坦（Rudolph Loewenstein），讲述下面这则趣事就不无道理了：有一次在隧道里，拉康开着他那辆小汽车，看到前方迎面而来的大卡车正要会车，便加大油门，逼对方减速。这就像是一场较量，但是其中的意味就在于，拉康从不退却，也不会让步于任何强权。

在拉康还愿意谈论他自己的那段时间里，他跟我讲了上面这个故事。当时他还跟我讲了一件新近发生仍令他感到痛苦的意外。一天晚上快七点的时候，两名劫匪闯进了他的工作室，他们让帕基塔（Paquita）打开了房门，格洛丽亚已经在下午的时候离开了。两人走进了拉康的办公室，当时他正在里面给穆斯塔法·萨福安（Moustapha Safouan）[1] 做督导。两个窃匪拿左轮手枪指着拉康，准备抢他的钱。拉康却回应说，在这样的威胁下，自己什么也给不了他们，他已经老了，这种威胁等同于让他去死。

1　埃及精神分析家，第二次世界大战后移居巴黎，一直跟随拉康研究精神分析。——译者注

其中一个劫匪给了拉康一拳，正打在他下巴上。但这一拳并没有让拉康改变主意，只不过让他下颌脱臼而已。这次受伤让拉康痛了很久。为了摆脱困境，萨福安想出了一个主意，他给了两名劫匪一张支票，让他们可以走人又不至于丢脸。

拉康跟我讲这次意外，是为了回应我的问题，即为什么他总是随身带着铁拳套。就是在这次袭击之后他才开始带着的。在他的裤子口袋里，这把武器跟他的手帕和钥匙放在一起。旁边还有一把彼得牌小锻钢刀，插在皮革刀鞘里。除此之外，还有一个摸起来十分光滑的三角形的胡杨木吊坠，形状很像一个压瘪的莫比乌斯带。

皮埃尔·高德曼[1]（Pierre Goldman）本人先前也计划打劫拉康。但是当他看到那个满头白发，完全沉浸于思考的男人走下里尔街5号的楼梯时，就放下了武器。思想者的威严阻止了他的行动。这种威

---

[1] 法国左翼知识分子，因多次抢劫而颇具名声，1979年死于暗杀。——译者注

严更胜于拉康作为公众人物的名望，人们都觉得他很富有，而这种富有招致了批判和嫉妒。

每当拉康在机场通过安检时，铁拳套都会带来问题，因为安检警铃总是因此而响起。于是拉康只能掏出口袋里的东西。在那个时代，武器并不会被没收，但是会在飞行途中由空姐保管，快到达时再返还给其持有者。

即便没有任何禁令，没有任何可以让拉康偏离自己的道路的限制规则，他也很清楚阻碍他前进的实在。这可能是因为，禁令并没有进入到他的考虑范围，而他则好像完全被他自己思考中的主要对象所吸引了。但实在是很严苛的，它等同于我们都要考虑的苦难。实在是我们无法反抗的，它会撞到我们身上，无法越过，无法躲闪，也没得商量。对拉康而言，生活就像是治疗，我们要一直向前，一直向前，直到抵达那个现实中无法逾越的核心。一切与这个核心无关的东西，掩盖这个核心或与之保持距离的东西，都只是无聊的琐事。

对于我而言，拉康这种立场的第一次显露，是在他早先在意大利逛博物馆和教堂的时候。众所周知，意大利这些景点的开放时间并不规律，而且人们也不遵守时刻表。当然拉康也不遵守，而且他还擅自去打开这些景点的大门，大多数时候都成功了。我不知道他是怎么做到的，但只要人们过来阻止他，他总是能说服对方。于是我学到了一点，只要一个人带着足够强的信念去请求，一扇关上的门也可以为他而敞开。请求并不是什么难事。在我的记忆里，只有一次，他差点未能如愿。当时拉康已经很老了，虽然协商不成，但他仍非常固执。他想强行通过，但在门卫的推搡下，他差点从楼梯上摔下去。门卫的年龄可比他小多了。

当时，我跟他去看的第一座教堂是罗马的圣·奥古斯都（Sant' Agostino）教堂，那里有卡拉瓦乔

（Caravage）的名画《朝圣者圣母》（*Madone des pèlerins*）。仅此一次，我们发现教堂还开着，于是我们走了进去。站在这幅挂在祭坛上方的油画面前，拉康沉思良久。圣母裸露的一只脚迷住了他。他向当时的教堂管理员要了一架梯子，好凑近些看。起初管理员有点抗拒，但随后还是笑着满足了这个不寻常的请求。拉康爬上了梯子，而且极为仔细地察看着这只脚。为什么这只脚让他这么着迷，原因我现在都不知道，因为拉康没有对此做过任何评论。

在博尔盖塞（Borghèse）美术馆中，我们看到了卡拉瓦乔的另一幅画，拉康在它面前也是驻足许久，这幅画与圣·奥古斯都教堂的那幅异曲同工。这幅画是《圣母、圣子与圣安娜》（*Madone des palefreniers*）。在这两幅油画中，圣母都是充满力量的女性，严肃的面庞，棕色的肤色，这一形象的原型正是画家的情人莱娜（Lena）。圣子耶稣完全不像个婴儿，他被画得太大、太重了，即便一名强壮的女性也抱不动。前一幅画中的圣母的大腿微微弯曲，托着耶稣防止他从怀中滑落；后一幅画中的圣母则用双手托着他，仿佛我们最开始教孩子走路一样。在《圣母、圣子与圣安娜》中，圣母裸露的一只脚踩着一条蛇的头，这表现了《圣经》中的一句话："我要叫你和女人彼此为仇。"小耶稣的脚放在圣母的脚上，仿佛在支持母亲的举动。在一次有关《圣经·创世纪》的讨论会上，拉康曾谈及这幅画。当时他说："圣母玛利亚，她的脚踩在一条蛇的头上，这意味着她要借此而立足。"在这两幅画中，圣母裸露的脚的美丽和力量都令人震惊。如今，我已知道，爬上梯子之后，拉康要找的并非《朝圣者圣母》中脚下那条蛇的踪迹。

那个夏天，拉康带我探索了罗马，这让我爱上了罗马。我早前曾在那里生活过，但不曾有人像他一样为我打开一扇扇关上的门。我们自然是看尽了罗马的卡拉瓦乔：圣王路易堂（Saint-Louis-des-Français）、人民广场（la piazza del Popolo），以及所有博物馆的诸多作品。特别值得一提的是，我们在一个游客很少的时段，看到了博尔盖塞美术馆的《酒神》（Bacchus）以及多利亚·潘菲利美术馆的《忏悔的玛德琳》（Madeleine repentante）。这些美术馆里，古老的画布鳞次栉比，济济一墙。

拉康简直像个罗马通，带着我到处走。早上，他会查阅一本意大利语写的红皮导游册子《罗马及周边地区》（*Rome et Dintorni*），然后选几个当天要参观的景点。在每座教堂、博物馆或纪念馆，他都只会在某几幅作品前停留，然后静静地看上很久。后来我才发现，在讨论班里，他对那些我曾目睹他为之驻足的油画，有过反复几次的评论。当然，还有博尔盖塞美术馆里祖奇（Zucchi）的画作《爱与灵》（*Amour et Psyché*）。他还认真地关注过多梅尼基诺（Dominiquin）的作品《黛安娜的狩猎》（*La Chasse de Diane*），人们都猜测，这幅画中，阿克泰翁（Actéon）在变成杜鹿的那一刻，躲藏在草丛里。那些令人着迷的女性形象，尤其是第一排左下角的那两个首先映入眼帘的小女孩的形象，使得这幅画那狂热又冷峻的能量显得愈发撩人。画中的女性完全符合拉康对女性问题的观点。而贝尼尼（Bernin）的《阿波罗和黛芙妮》（*Apollon et Daphné*）则描绘了另一种变形，每次我们回到博尔盖塞城，这幅画总是能吸引到拉康的注意。

拉康尤其喜欢贝尼尼的作品。他喜欢住在拉斐尔酒店（l'hôtel Rafael），旁边就是纳沃纳广场（la piazza Navona），在那里他总是忍不住凝望着造像精美的四河喷泉（la fontaine des Quatre-Fleuves）出神，还有广场上那令人惊叹的古斗兽场。他总是回到那里，如落叶归根，回归一切旅途的起点和归处。

我们也花了很多时间游览金宫（Domus Aurea），它的庄严、华丽依然没有被翻修和不符合时代的灯饰损害。我还记得当时游览的拉特朗圣格肋孟圣殿（la basilique Saint-Clément-du-Latran），教堂深处还隐藏着另一座早期基督教圣殿，而在那之下，则是一座祭祀密特拉（Mithra）的庙宇遗址。这些地层不禁让人想起弗洛伊德的无意识的考古学模型。

拉康还带我去了一些更加隐秘的地方。在山上天主圣三堂（le couvent de la Trinité-des-Monts），他让我见识到了一幅行家们熟悉的变形画。那是伊曼纽尔·麦格南（Emmanuel Maignan）的一幅壁画，从正面看，映入眼帘的是保罗·圣弗朗西斯（saint François de Paule）。倘若从侧面看，这位圣人斗篷的褶皱中就会呈现出一幅景象：一座塔、港口上的一些人物、一条船。

这幅壁画就处在修道院的一条走廊上，自保罗·圣弗朗西斯创立最小兄弟会（Minimes）以来，这座修道院就庇护着圣心堂（Sacré-Cœur）的修女们。由于这座教会的内院管理得并不严密，拉康很容易就拿到了进去的钥匙。那天晚上，他从口袋里拿出钥匙，把它当作战利品一样向我显摆。我不知道他是怎么做到的，离开之后他也并没有把钥匙还回去。拉康喜欢那些关闭着的门，不亚于他喜欢闯红灯。正院正是他应下的挑战，它总是戏谑地暗示着，只有拉康有本事借助黑夜侵入那里。第二天早晨，拉康把钥匙还给了修女，那位修女还私下拿这次恶作剧开玩笑。

拉康在天主教的罗马非常开心。于是，我们去拜访了一位他认识的红衣主教，他给了那位主教一本《文集》（Écrits），并托他转交给教皇。这位红衣主教是法籍成员，服侍他的修女为我们打开大门，把我们迎进了他的宅邸。从敞开的窗户，可以听到周遭的声响：儿童的哭声、妇女们的闲谈声，还有些关于这位红衣主教生活的只言片语，似乎他沉醉于这样的生活，而丝毫没有思乡念旧的感觉。

拉康带我去了一家主教和红衣主教们经常去的餐馆。这家名叫"活水"（L'Eau vive）的餐馆由一间教会经营，至今仍在营业。餐馆里招待客人的是一些非洲或亚洲少女，都穿着本民族的服饰，还有一些是穿着罗马长袍的欧洲女孩。那里的气氛有种朦胧的情欲感。我想象着，放在古代这些女孩都是些从良的妓女。然而，一如既往的是，现实比幻想更糟糕。我最近才了解到，这些女孩都来自以前的殖民地，很早就被一个名为"多伦得传教之家"（Famille Missionnaire Donum Dei）的社团招募进了这家餐厅。该社团隶属于加尔默罗会（l'ordre du Carmel），由一些宗教和世俗人士组成。这些女孩没有宣读誓词，但都必须是处女，她们被社团引领着过一种"奉献的生活"，这意味着发誓终身不婚，保持处女之身，而且除了这两个誓言外，她们还要发誓在这家名为"活水"的遍布世界的连锁餐馆里工作，且不拿报酬。这是一种宗教生活还是奴隶生活，还真不好说。

让·保罗二世（Jean-Paul Ⅱ）还在克拉科夫（Cracovie）任大主教时，只要他在罗马逗留，就会经常光顾这家餐馆。成为教皇之后，他还去看这些女孩，她们在这里工作是为了去梵蒂冈参加一场特地为她们准备的弥撒。我觉得，在这个有某种魅力的地方（尽管这种魅力有些模糊），我们在不知情的情况下曾碰到过他（日期凑巧）。当晚，晚餐时间的某个时刻，服务员们会停下手上的工作，空出地方祷告和唱圣歌。主教们、民主基督教的政客们、罗马教廷（Saint-Siège）的外交官们在这里相遇或重聚，也使得这家餐馆成了教会世界最崇高的地方之一。这让拉康感到非常高兴，我也是。后来我们也还经常重游此地。

但拉康最喜欢的罗马餐厅是纳沃纳广场附近的帕萨多（Passetto）。那也是我们第一次在罗马会面的地方，一次电话会面。当时他在马纳罗拉，而我在贾尼科洛（Gianicolo），住在我朋友宝拉·卡萝拉（Paola Carola）家。他邀请我去那家餐厅吃午饭，以便能在那里接到他的电话。他当时非常有名，在那家餐厅有一个白条账户，要知道那个时代还没有信用卡。这个小细节让我印象深刻，同样印象深刻的还有他那隔着距离的热情。

我毫不犹豫地去了马纳罗拉找他，几天之后，他在停车场找他的车准备开去罗马时，我紧随着他的脚步，而不问去往何方。我会随他去，不论去哪里。

几个月前，我在巴黎认识了宝拉。到了罗马，我们经常去拜访她，她热情而质朴地接待了拉康。拉康闯入了我的生活，同样也这样闯入了她的生活，显然，这成了我和她之间恒久友谊的来源之一。

她总是会想起 72 年那个夏天，那个对我而言无比神奇的夏天。我走遍了罗马，了解了拉康，他的自在、幻想、不知疲倦的激情总能让我感到惊讶。他似乎无忧无虑，拥有一种只属于年轻人的完完全全的自由。这就是一种从容，一种天真无邪，只有这种从容能够让我们面向一切机遇，在我看来，正是这种从容让我们所遇到的一切都闪耀起了光芒。

　　拉康还非常喜欢美丽而热情的杰奎琳·里瑟特（Jacqueline Risset）。那个夏天，她想方设法给拉康放映了帕布斯特（Pabst）的一部电影《一个灵魂的秘密》（Secrets d'une âme），讲的是弗洛伊德的弟子卡尔·亚伯拉罕[1]（Karl Abraham）。我还记得我们当时一起吃的那顿美妙的午餐，而记忆中最闪耀的还是她那一头棕色的秀发。

　　我一开始就发现，这是一种脱离了偏见的天真无邪，拉康对每一个人都没有偏见，也让每一个人都更加自由。在他那里，阻碍人类关系的整个领域

1　德国精神分析家，弗洛伊德的弟子，客体关系学派奠基人梅兰妮·克莱因（Melanie Klein）正是在他那里接受的分析。——译者注

都被清除了。当然，精神分析的禁欲对他而言是有意义的，这也是为了实现他的本性，即一种毫不拐弯抹角的欲望，这种欲望激发了他的活力，也让一切都变得简单。

是在这个夏天，拉康带我去美第奇别墅（Médicis）拜访了他曾指导过的巴尔蒂斯（Balthus）吗？不论是不是，我都记得我们第一次会面时，巴尔蒂斯向我们展示了十年以来他对别墅所做的修缮。墙上的干擦画都是原创的，而且惊人地适合这些地方。他在这里营造了一种氛围，这让我想起他的一些版画所营造的感觉。具体来说，就是他自己布置的那个套间里的作品。我感受到了一种魅力，仿佛自己成为他作品的一部分，尽管那种贵族气质的奢华让我感到有些不适。在别墅里，所有雇员都称他为"伯爵先生"。我不禁想起了他住在葛拉谢尔路（rue de la Glacière）廉租房里的哥哥皮埃尔·克洛索夫斯基（Pierre Klossowski）。巴尔蒂斯把他们的母亲，里尔克（Rilke）的挚爱芭拉蒂娜（Baladine）的钱留给了哥哥。他还邀请我们参加了一次茶会，那是一次很奇怪的庆典，当时在座的有一些主教、一些老女伯爵，还有一些法国驻梵蒂冈使官。

还有一次，我们在维泰博（Viterbe）附近一座他刚入手的城堡里见到了他。城堡唤作蒙特卡尔维罗（Montecalvello），坐落于大理石峭壁上，是整个城镇的主要建筑。这座中世纪的要塞非常宏伟，甚至可以说是一个堡垒式的村庄。巴尔蒂斯将修缮工作交给了美第奇别墅的一些年轻实习生，我们看到，这些实习生一直在辛苦地修复那些壁画，甚至直接就住在了梯子上。午餐则由戴着白手套的仆人来供应。

显然拉康很喜欢他。巴尔蒂斯差不多也是拉康家族的成员，他 16 岁时就认识了洛朗丝·巴塔耶，多年来二人过从甚密。巴尔蒂斯还给她画了几幅肖像。其中最漂亮的一幅就在吉特朗古尔。

洛朗丝告诉我，刚开始做了几次绘画模特后，她就向西尔维娅（Sylvia）和继父抱怨道，巴尔蒂斯太过胆大妄为。巴尔蒂斯回怼她，说她应该感到幸运，毕竟有一位像巴尔蒂斯这样的艺术家愿意给她画肖像。听到这些，她只好忍气吞声，很长一段时间都不再反抗这位大人物。但是她内心依然有些郁闷，因为在那种情况下没有人支持她。

我们还拜访了《世界报》（Le Monde）驻罗马记者雅克·诺贝库（Jacques Nobécourt），他娶了弗洛伊德学院 [1]（l'École freudienne）的一位分析家。他住在一栋窗户正对纳沃纳广场的公寓。这间公寓与宝拉在贾尼科洛的天台，都向我展现了罗马夏日的魅力。当时正值八月，但天气已经不那么炎热，城里车辆也不多，一切都显得有种神圣的静谧。拉康在罗马就像在自己家，他对这里所有的博物馆、

1　拉康在 1964 年建立的"法国精神分析学院"（École Française de Psychanalyse），后更名为"巴黎弗洛伊德学院"（École Freudienne de Paris），拉康于 1980 年解散该学会。——译者注

教堂和喷泉都了如指掌。我们从城市中心的纳沃纳广场走到万神殿（Panthéon），或者从西班牙广场（piazza di Spagna）走到人民广场。这些美丽的地方让我心旷神怡，我喜欢那些喷泉的水声，喜欢夜晚静谧街道上的跫音。我爱上了罗马，这种爱持续了很长时间。

我爱上的还有美食，尝了许多罗马菜，我最喜欢的要数帕萨多餐厅，或者它旁边那家政客和记者们都常去的马耶纳（Maiella）餐厅。我们也常到美丽的台伯河西圣母圣殿对面的萨帕替尼(Sabatini)餐厅，四泉（Quatro Fontane）的阿尔弗雷多内拉斯科拉法餐厅（Alfredo nella Scrofa），还有犹太区的皮佩罗餐厅（Piperno），去吃他们家一道用洋蓟做的名菜。宝拉经常陪我们一起吃饭，她还邀请我们去她家天台上吃意大利面，从那里，我们可以俯瞰整个罗马。

那个夏天，好似从未结束。

回到巴黎后，我们也没有再分开。但我觉得"我们"这个词不太恰当。其实只有拉康自己，我只是个小跟班：根本算不上"我们"。此外，如果说"我们"这个词让我感到不自在，那么对他而言简直就是外语。他可能说他将"紧跟你们的脚步"，这句话听起来似乎没有多大问题，而他要说的也就是字面意思。当然，这句话也和"我们"没有一点关系。他内心的孤独与"疏离"让他从不说"我们"。但是，这并不妨碍他和我们"形影不离"（我们今天的说法），也不妨碍他不断地呼吁人们来到他身边。

甚至在周末准备讨论班时，他也可以轻松地跟你分享工作空间，而丝毫不受打扰，因为他非常专注。他就喜欢有人在身边，他不喜欢孤独，显然也不习惯孤独。我不在的时候，还真怕他邀请新欢去吉特朗古尔。当然我也很少给她们机会。

最开始的时候，拉康这个捣蛋鬼对我说，红颜皆祸水。而我，我这一型的，则是洪水。可我心想，拉康根本不曾防备我这太平洋的狂潮。格洛丽亚也是如此，在里尔街 5 号，她对我的到来毫无异议，就像对其他人一样。她接受了我的年轻与审慎。唯一的障碍是 T。过去十年来，她一直占据着拉康生活中一个很重要，但也不是唯一的位置。要我说，最令我在意的是，拉康大部分周末都是和她一起去的吉特朗古尔。一开始，我费了好大力气让他也这么对我，但看他对她一往情深，我也就放弃了辩驳。

拉康曾由衷地说自己是个忠诚的人。我马上就明白了应该如何理解他的意思：他遍地开花。不愿失去，也就从不抛弃，就算偶亮红灯，他也总是设法让女人们黯然离席。他会想起他年轻时的女人们，也会想起最近的女人们。他还坦白说，我们在罗马见面时，他已经放了 T 的鸽子，而后者当时还在意大利某处等他。于是 T 很快就宣告退出。在里尔街遇到我后，她给拉康送了一张小纸条，讽刺道："我看到了进化树的脉络，人的确是猴变的。"我也大方承认，我确实手臂有点长，也有点凸颌。

拉康曾跟我说，自从他 17 岁第一次与女性发生关系，他就总是选择 30 岁的女人。高中还没毕业时，他就认识了一位叫玛丽 - 特蕾西亚（Marie-Thérèse）的女人，并在 32 年把博士论文题献给了首字母为 MTB 的她。在拉康整个学医过程中，他们一直保持着这种关系。拉康跟我说，他年轻的时候，玛丽 - 特蕾西亚出钱给他买书，还出钱带他去乡村度假：那时，拉康还是个穷光蛋。对于这段拉康年轻时当小白脸的回忆，我觉得有点吃惊，又觉得有点好笑。

他还跟我提到了奥丽希亚·西恩科维茨（Olesia

Sienkiewicz），也就是德里尤·拉洛舍尔（Drieu la Rochelle）的妻子。拉康曾经因她丈夫的不忠给了她很多安慰，而她明显很喜欢拉康。拉康还记得，自己很喜欢穿着睡衣在德里尤给他俩住的公寓里，用打字机敲论文。我还记得，拉康在 77 年或 78 年时还见过她，并跟她共进了晚餐。这是因为多米尼克·德桑蒂（Dominique Desanti）的一次请求，当时正在写一部德里尤传记的他没能约到奥丽希亚。拉康很高兴能够亲自帮他，而且他也的确会尽全力去帮助别人，哪怕是去满足某个小小的愿望。拉康有几次跑到奥丽希亚在六楼的家里，但是都空手而归，因为她没有回电话。但最终拉康还是找到了她，并请到了她共进晚餐。但他发现，彼此已经没有什么可说的了。多米尼克说："对男人，她已经翻篇了。"她一直和一个女人生活在一起。

至于成为拉康妻子的西尔维娅，拉康跟我讲过一件卡萨诺瓦（Casanova）般的逸事。一天夜里，西尔维娅偷偷地爬过围墙，翻过拉康家一楼的窗户，在他的房间里找到了他。这就是他们俩关系的开始，而当时拉康还和他第一任妻子玛丽－露易丝（Marie-Louise）住在一起。有一天，我问拉康，为什么西尔维娅放弃了演艺生涯。思考了一阵，他答道："是啊，当然，我本来可以成为西尔维娅·巴塔耶先生！"他非常欣赏西尔维娅的精神。某日，某次会议的时候，他们住在参会者下榻的酒店，西尔维娅离开了房间。不久之后，她回来跟拉康说："某教授在那里。"拉康问她是否遇到了那位教授。她回答说，她在走廊里认出了教授的鞋子。

在我陪伴拉康几年之后，有一次她从旁边的一栋楼里，透过窗户看到我和拉康穿过里尔街5号的花园。她后来跟拉康说，我们让她想起了堂·吉诃德（Don Quichotte）和桑丘·潘萨（Sancho Pança）。"堂·吉诃德？是我吗？"拉康问她。"当然。"她答道。这有点伤我自尊，但是她看得很准。我总是跟着这个男人的脚步，他总是一往直前，身上活跃着一种欲望，而这种欲望的力量总是给我留下深刻的印象。

　　拉康对他的女人们都相当慷慨。给一个女人送礼物时，绝不会忘了其他女人。他会补偿其他女人一些首饰或绿植。这就是他向她们致意的方式，一种长久的情思。我家里就堆满了绿植。有些已经活了四十年。至于那些首饰，那是我最想拒绝的。但是拉康无论如何还是要送，一切似乎都是一种我所谓的"防御"。和他第一次见面时，他看到我蜷缩在沙发上，身上绕着一件披巾，便问我为什么保持这样的姿势。我回应说，我有点"害羞"。"害羞是什么意思？"他傲慢地向我抛出这句话。而当我第一次去吉特朗古尔时，他还带着微笑评论我，说我"躲在我的小皮鞋里"。

　　防御、保留、借口都不合他胃口。通常而言，他不会正面出击，一句妙词足矣。但当他看到他的学生们因他们自身的抑制而掣肘，或是过于矫饰时，他会用更直接的方式对待学生们。他会在讨论班或会议上给出干预，直指事实，而且还对他们的怯懦感到愤怒。他还斥责过某位照本宣科的女士："你觉得自己有勇气下定决心吗？""把你要说的说出来……"

72 年秋，夏日余晖尚存，一段新生活也为之点亮。我陪着拉康四处走动。在巴塞罗那（Barcelone），他受邀参加一个会议，并在那里参观了毕加索博物馆（le musée Picasso），当时这家博物馆还鲜有问津。在那里，他欣赏了高迪（Gaudí）的作品和加泰罗尼亚的罗马艺术，尤其是那些罗马小教堂，以及其中描绘着耶稣背负圣光之庄严法相的壁画。一位年轻女人带我们参观了蒙特塞拉特岛（Montserrat）的一座修道院。一个阳光灿烂的中午，午餐时，她一直和另一位聪慧的女人谈论这座修道院，拉康很喜欢那个女人。于是他很认真、很专注地展现着自己，也关注着他人的在场，这是他惯常的做派。

这种注意力的极度转换是他身上一种很令人惊讶的特点，他可以全神贯注地关注他人，然后又将注意力撤回来，沉浸于自己的思想。我们可以说，在场和缺席在他身上不断转换，但是"缺席"并不是个合适的词汇。当他专注于自己的思想时，他那身体在场的分量可能更加让人有感觉，仿佛他那边有一块巨石。白羊座的拉康行动时令人印象深刻，娴静时亦是如此。他就是一种不可动摇本身，是他与世界的关系所决定的性格的另一面。

几年前，一位年轻女人从巴塞罗那来看我。她写了一篇博士论文，写的是拉康派精神分析在西班牙的历史，她也知道，我陪拉康参加了那次载入史册却又毫无记录的会议。我给她找了一些我在大会当晚做的记录。记录上的空白处有个字迹潦草的名字和地址，而她对此很熟悉。这是一位著名精神科医生的信息，众所周知，这位医生信仰佛朗哥主义。我们曾在那位医生家吃过晚饭，但对此我已经没什么印象了。她告诉我，网上可以查到。晚餐那天，拉康为他在《文集》上签了非常热情的献词，不久后还给他写了一封信。信中写道："那天我过得非常开心，这完全是因为你，我对此毫不怀疑。"就像拉康说的，一封信总是会抵达它的目的地。

拉康最多让我感觉他像司汤达（Stendhal），我也的确感受到一种暧昧。但即便他表明了自己的欲望，也很少有情感的流露。我曾经一度反抗这种温情，并要求得到激情的爱恋。当他谈起他最初的女人们时，我也毫无恶意地说，我想成为"最后一个"。

在那个秋天，拉康开始培养我的修养，让我阅读本世纪初期那些写了一大堆老套爱情故事的幽默作家。他让我知道了卡米（Cami）。我在图书馆里找到了他的两部书：《天间情人》（*Les Amants de l'Entre-Ciel*），《克里斯托弗·哥伦布》（*Christophe Colomb*）还是《美洲的真正发现》（*la Véritable*

Découverte de l'Amerique）。他让我读让·谷克多（Jean Cocteau）的诗集《波托马克》（*Potomak*），并向我引用了其中的"尤金集"（Album des Eugènes）。我们在其中找到了莫蒂默（Mortimer）家族的一些漂亮画像，它们都"只有一个梦，只有一颗心"。拉康很喜欢这句话。莫蒂默家族非常团结、非常幸运，以至于他们脸上总是有种蒙眬睡意，闭上的眼睛都显现着一种新婚的激情。拉康对《波托马克》的喜爱对应着他达达主义的一面，这也是他经常向我保留的一面。拉康经常与达达主义者们一起分享他们那尖酸的一面，他们对规则和约定的不屑一顾，以及对荒谬的兴趣。拉康还喜欢引用漫画《费努伊拉德家族》（*La Famille Fenouillard*）和《工兵卡蒙贝》（*Sapeur Camember*）。他尤其喜欢那句名言："界碑之外，再无界限。"对他而言，这句话简直是万能的。

他还送了我一本小书当作礼物，这本书比较严肃，但也很幽默，是一本富有智慧的好书：艾蒂安·吉尔森（Étienne Gilson）的《缪斯学院》（*L'École des Muses*)。当时，我觉得这份礼物是一次警告：我不能把自己当作缪斯女神！但是，今天我反而认为，拉康只是非常欣赏这部作品，吉尔森在其中描绘了宫廷爱情在现代的一些变体，还呈现了波德莱尔（Baudelaire）、瓦格纳（Wagner）、奥古斯特·孔德（Auguste Comte）或梅特林克（Maeterlinck）在复兴这种宫廷爱情过程中所遭遇的一些困境和荒诞。

拉康也没有忽视培养我在其他领域的修养。一天，我给他讲了一个梦，梦中我掉了牙齿。我将这个梦解释为一种阉割焦虑的表达。但他要求我立即去看牙医，并且说到，尼农·德·朗克洛（Ninon de Lenclos）[1]之所以 70 岁还有魅力，那是因为她还有牙齿，尽管在那个年代这很罕见。

从巴塞罗那回来不久，拉康在鲁汶（Louvain）办了一次大会。在多次面向公众的发言中，这是唯一一次有影像记录的。会场挤满了热情的听众。按

1　十七世纪法国知名的作家、艺术赞助人、交际花。——译者注

照拉康对人群的回应来说，他们就像去剧院看戏剧一样。当晚，拉康成了超级明星。他后来提起，当时他谈论着没人相信的死亡，但这却是唯一一件能支撑生命的事情。由于当时那个氛围的煽动，一名小伙子打断并攻击了他。要不是拉康强作镇定，努力与闹事分子展开对话，这次大会可能会变成一次"事故"。短暂的争论后，闹事分子最终只是把沾了水的面包屑扔向了拉康的衬衫。人们把他弄了出去，拉康也重新开始讲话。

拉康说话的那种力量与戏剧性，总是让我想起戏剧家安东宁·阿陶（Antonin Artaud）的残酷剧。几个月前的一天晚上，拉康在巴黎的圣安娜（Sainte-Anne）医院叫喊着，自己一直在对着墙说话，而这一点取悦了听众。戏剧化构成了拉康语言艺术的一部分。那造作的愤慨、夸耀式的怒火都是些反复出现的特点。这些愤怒似乎都指向听众，但听众头脑迟钝，什么也不想知道，也听不进任何词语，这一切都宣告着，拉康那想让自己被听到的欲望已经失败。但是，倘若我们只满足于让自己被听到，那么我们就在享受着对墙说话。这种愤怒超越了指向大他者的话语，大他者什么都听不到，因为它并不存在，于是这种愤怒回过头转向了实在。拉康曾说，"当小钉子不能插回到小洞里时"，这就是实在。拉康也经常在生活中表达出这种愤怒，因为生活中有很多场合会导致这种愤怒。要我说，除开面对实在的抗拒之外，这种愤怒完全不是戏剧性的，一般也不指向任何人。等到他完全失去耐心，接下来的就只有暴怒和行动。倘若在餐厅里，服务员迟迟没为他服务，他会反过来用别的方式得到满足，他会大叫一声，或者是叫喊般地叹一口气。于是，等他下次再去那家餐厅，就一定会得到殷勤的服务。

戏剧是留给公众的。这也是他教学的一部分。正是通过这种造作的怒火，那种需要被承受的不可能得以传达，那也就是"言在"必须要面对的东西，是分析家在实践中要不断处理的事情。拉康在私下是极其简单的一个人。这种简单不是说，拉康像我们常说的那种大人物一样，对自己下属保持屈尊的态度。而是说在拉康和他人的关系中，完全没有主体间维度的繁复，这种主体间维度也就是我们所谓的心机。拉康没有心机，没有什么小算盘，对别人也没有什么意图。这种简单也表现在，他会毫不迟疑地以最直接的方式去获取自己想要的东西。

我的表妹佛罗伦斯（Florence）还记得，她在吉特朗古尔遇到的一件很搞笑的事情。拉康当时要求他的门卫"耶稣"去弄一罐佩特罗希安（Petrossian）牌鱼子酱。但不知怎的，门卫没有弄到。拉康没有就这么算了，而是恳求"耶稣"去"做点什么"。拉康会为了自己想要的东西而哀求，而世界上最没有意义的正是哀求，但这并不是戏剧化的。

鲁汶那次难忘的会议翌日，拉康就接受了一个比利时电视台的采访，与比利时精神分析协会（Société belge de psychanalyse）的成员谈了很久，之后还抽空带我参观了一家美术馆。在那里，里贝拉（Ribera）的《阿波罗和玛莎亚斯》（l' Apollon et Marsyas）和老勃鲁盖尔（Brueghel l' Ancien）的《伊卡洛斯陷落的风景》（La Chute d' Icare）都给我留下了深刻的印象。他还带我去看了贝居安女修会，那里迷人的苦修氛围让我神往。我想象着，这是个个体化的团体，似乎这也正是我所向往的。接着，他带我去了布鲁日（Bruges）。一切都让他感到很兴奋。

万圣节的时候，我们在威尼斯又和宝拉聚了几天。我们住在欧罗巴酒店（l' hôtel Europa），房间对面就是安康圣母圣殿（la Salute）。我们一起在不远处的哈里酒吧（Harry's Bar）吃饭，拉康尤其喜欢这家餐厅，以至于餐厅休息日都会让他感到难过。在我的记忆中，我一直叫他"拉康医生"，他也很喜欢这么称呼自己。当时我们旁边一桌夫妻对我们很好奇，于是拉康在这家餐厅的信纸上写下了这个名称，并让服务员把信纸交给了他们。拉康很想知道，我们都很喜欢的那个年轻金发女人来自哪个国家。接着，这张信纸上有了回应：这位金发女人来自卡马尔格（Camargue），同行的男人是她的丈夫。拉康对一切都很好奇，他会径直往前，以便满足自己的好奇心。

我们每年都会回到威尼斯至少一次，在那里待两到三个星期，像在罗马一样整天整天地参观这座城市。而且就像拜访朋友一样，我们会一次又一次地回到同样的景点。拉康总是带着一本英文的旅游指南《洛伦泽蒂》[1]（*Lorenzetti*），那是关于威尼斯最全面的一本旅游指南。拉康跟我说了很多东西，其中最让我印象深刻的是斯基亚沃尼圣乔治教堂（l'église San Giorgio degli Schiavoni）中卡尔帕乔（Carpaccio）的画作，尤其是《圣乔治斗龙》（*Saint Georges terrassant le dragon*）。在这幅画中，被龙杀死的人们尸骸遍野，画的中央就是圣乔治和龙。拉

---

1 指朱利奥·洛伦泽蒂（Giulio Lorenzetti）的《威尼斯及其潟湖——历史艺术指南》（*Venezia e il suo estuario，guida storico-artistica*），拉康曾多次以此为指引游历威尼斯。——译者注

康曾经在讨论班中为了阐释破碎身体的幻想而提到过这幅油画。

在有关这幅油画的诸多作品中，冷静和恐惧都混在一起。另一幅油画展示出，在圣乔治解救的城市的某处，他在国王的女儿脚下，紧紧拴着这条或死或活的龙，拖着它往前走。另一幅画中，恐惧似乎没有那么强烈，一群僧侣在看到一只狮子后疯狂地逃跑，而这只狮子就像一条狗一样跟着圣热罗姆（Jérôme）。威尼斯的卡尔帕乔就有点类似于罗马的卡拉瓦乔。我们在这座城市里到处跑，参观博物馆和教堂，我们的旅途遵循着一条线路，即从学院美术馆（Accademia）的《圣厄休拉传说》（*Légende de sainte Ursule*）一直看到科雷尔美术馆（musée Correr）的《交际花》（*Courtisanes*）。但是一条更加丰富的线索是提香（Titien）的作品，比如他的作品《圣母玛利亚显现于主堂》（*Présentation de la Vierge au Temple*），丁托雷托（Tintoret）那幅同样美丽的《显现》（*Présentation*）正是对前者的呼应。后者的作品位于丰达芒特诺夫（Fondamenta Nuove）附近那座有点偏离中心区的果园圣母堂（Madonna dell'Orto）。我很喜欢那边的"沙漠区"，因为我们可以在那里坐快艇。不远处就是杰苏伊蒂教堂（Gesuiti），提香的作品《圣洛朗的殉难》（*Saint Laurent*）就在那里，画中满满的金色、黑色、红色很像是伦勃朗（Rembrandt）的作品。我们每次去威尼斯，都不会错过这些地方，更不用提托尔切洛岛（Torcello）了。当时那里还鲜有游客，拉康很喜欢这里。在岛上可以参观大教堂里的拜占庭式的马赛克镶嵌画，尤其是那幅非同凡响的《最后审判》（*Jugement dernier*）。最后我们会去西普里亚尼旅馆（Cipriani）的花园里吃午饭。

在巴黎，拉康的工作生活非常紧张。从早上八点到晚上八点，他都一直接待病人，有时甚至工作得更久。他中间会休息一个小时来吃午饭，要么是去"里尔街3号"西尔维娅家吃，要么就去对面的拉卡拉什（La Calèche）餐厅吃。我还记得，我曾和拉康，他在门槛出版社（Seuil）的编辑弗朗索瓦·瓦勒（François Wahl），还有他的日语翻译一起在那家餐厅吃饭。一次和弗朗索瓦·瓦勒吃过饭之后，我们都走上了雅各布街（la rue Jacob），这时弗朗索瓦·瓦勒建议我，让我利用对拉康的影响力，说服他做一个有关编辑出版的决定（我之后也不清楚这是一个怎样的决定），好让瓦勒担任《弗洛伊德领域》（Champ freudien）的总编。我被他的话惊讶到了，随后试着跟他解释说，我对拉康没有任何影响力，也不想有什么影响力。自此之后，弗朗索瓦·瓦勒成了一个对其职业热情相当高的人。

如果不是受邀去某个女儿家，拉康晚上都去餐厅吃饭。他是个遵循习惯的人，更喜欢去那些他已经熟悉的地方，因为他知道那里的人们对他有什么期待。离开距离很近的拉卡拉什餐厅之后，他会去卢浮宫岸边的比斯特洛克（Bistroquet）餐厅，老板是个叫阿尔贝（Albert）的人。在那里，我们会碰到以前的邻居塞尔日·甘斯布（Serge Gainsbourg）和简·波尔金（Jane Birkin）以及他们的孩子。那家餐厅有一个螯虾套餐，这个套餐让拉康犯了一次口误，一次"性别错误"。他曾经在讨论班提到这个口误，并将它作为自己的"癔症"的一种表达："女士就要吃螯虾。"[1]他曾对阿尔贝这样说。我很喜欢吃螯虾，但是那天晚上，我可能有点厌了，想吃点别的东西。76年，仍是在这家餐厅里，我们和菲利浦·索莱尔（Phillippe Sollers）、雅克·欧贝赫（Jacques Aubert）共进过一次晚餐。欧贝赫当时和年迈的阿拉贡（Aragon）有点矛盾，并且和埃尔萨（Elsa）的关系也有点问题。但拉康有办法让他参与交谈。要不是拉康提出一些让他很感兴趣的问题，他可能会一直保持沉默。跳出沉默之后，欧贝赫突然来了一句令人有点慌张的俏皮话："当男人不再是男人，他的女人会打爆他。""打爆他？真的吗？"我愣愣地问道。而索莱尔听到的则是另一个意思："当女人不再是女人，她就会打爆自己的男人。"

75年，在和让-雅克·舒尔（Jean-Jacques Schuhl）、巴贝特·施罗德（Barbet Schroeder）看完

---

1 拉康的原话为"Mademoiselle en est réduit à manger des écrevisses"，根据法语语法，此句中谓语部分的 réduit 本应与主语 Mademoiselle（女士）进行性数配合，因此是 réduite。但拉康的口误中此词没有阴性变化，因此无意识中指代着拉康自己，也就是在无意识中，拉康成了女人。又因在精神分析理论中，癔症总是联系着女人，故而这里提到拉康自己的"癔症"。——译者注

了后者拍的电影《情妇》（*Maîtresse*）之后，我们又一次在这家比斯特洛克餐厅共进晚餐。拉康当时认为，这部电影很好地展现了"受虐，都是装腔作势"。

当时，拉康还经常光顾布西街（rue de Buci）的小锌（Le Petit Zinc）饭店，一天晚上，我们还在那里遇到了安内特·贾科梅蒂（Annette Giacometti）。拉康的另外两家"食堂"我们也几乎每周光顾一次，那就是维克特·雨果大道（avenue Victor-Hugo）的达耶文餐厅（Taillevent）和勒维夫瓦餐厅（Le Vivarois）。贾科梅蒂第一次请我们吃晚餐就是在达耶文餐厅，而且后来我也很喜欢去那里吃饭。然而有一天晚上，那里的服务员以为拉康准备走了，便很快撤走了他的桌椅，而当时我还没有吃完饭。于是在之后的很长一段时间里，每当我们去那里吃饭时，我都会惊讶地发现自己没有任何胃口。我后来发现这种经验和我童年时的厌食症有关！

几年前我又回到了那家餐厅。店里的经理跟我打招呼，我跟他说，我曾经经常和"拉康医生"一起来吃饭。他很清楚地记得拉康，记得拉康的沉默，还有他那沉重而迟缓的叹气声。他跟我说，当时他还是服务员的领班。那段回忆很让他受触动。

我最喜欢去的还是勒维夫瓦餐厅，比起达耶文餐厅而言，这家餐厅没有那么浮夸，菜品也更简单，位置上更靠近乡间。店里的主厨叫作佩罗特（Peyrot）。为人非常友善。拉康那别具一格的言行给他留下了深刻印象，而拉康也很喜欢他。佩罗特当时经常过来跟我们一起闲聊，其实是跟我闲聊，因为拉康对闲聊不太感兴趣。随着时间的推移，拉康变得越发沉默，他总是从口袋里掏出一张一折四的纸，整个晚餐期间都在纸上画一些波罗米结。但是我并没有灰心，仍试着挑起一些话题，我会向他提一些问，而他只会用"是"或"不是"来回应。他最常以"是"来回应我，也就是对那些我为了测试他而提出的一些矛盾话题表示赞同。一天晚上，佩罗特向我们走过来，说道："你们这也算是对话？"而我对此只是会心一笑。

佩罗特有点傻，常常会跑到山里去待几个星期，把餐馆留给他妻子和员工打理。员工们都很团结，也非常爱戴他。但他的缺席还是让米其林的评分少了一颗星。有一次，我选了一家餐厅去吃饭，因为那家餐厅的主厨是佩罗特的竞争对手。离开那家餐厅之后，我和拉康一起去了我最常光顾的勒维夫瓦餐厅的老板娘家。她大笑着跟我说，佩罗特经常说起拉康。因为他相信，拉康作为一个自由人经常在公共场合下忍不住放屁打嗝，这对他自己而言、对佩罗特而言代表着他名字的两个音节[1]！

拉康白天的工作非常繁忙，因此就人们通常亲自去找的那些服务而言，拉康总是直接叫他们上门服务。只有一件事例外，他不得不亲自去找牙医。除此之外，拉康会找人上门给他剪头发、修指甲、修脚、健身、卖书。甚至他的裁缝每年都会来两

1 法语中，pets 意为"放屁"，rots 意为"打嗝"，这两个词合起来的发音类似于文中的佩罗特（Peyrot）的发音，因此此人认为拉康的放屁打嗝是在指代他。——译者注

次，每次都带一套布料样品，拉康从中选择做西装和衬衣的材料，让人们按尺寸给他做衣服。科雷迪（Creed）家族是一个发迹于18世纪末的古老家族，他们为维多利亚女王（reine Victoria）和欧仁尼皇后（l'impératrice Eugénie）做衣服。科雷迪家族的一位后代奥利维耶（Olivier）在巴黎开了一家裁缝店，他还亲自上门为拉康服务。他给拉康做的衬衫都非常优雅。因为这些衬衫，拉康还丢掉了他长期佩戴的蝴蝶领结。这些衬衫都是立领的，有点类似于中式立领衬衫，区别在于这些衬衫的领扣可以盖住领子的两条边，并把它合在一起。拉康经常因挑选那些奢华布料而询问我的意见。他的西装具有一种别致而典雅的古典风格。这让他的穿衣风格具有了一些女性气质，但又完全没有影响他的阳刚。拉康的优雅是君主式的，但不能说是帝王式的，这种优雅有一点点盛气凌人的感觉。但是，正如穆斯塔法·萨福安所言："他可以自由地驾驭这种优雅，好似这种优雅对他而言并不重要。"不得不说，这种优雅只是一种配饰。

　　奢华和克制并不矛盾。拉康在里尔街 5 号的那栋公寓几乎完全献给了他的病人，只有一间小办公室除外，那里是留给格洛丽亚的，而她也只是为拉康准备早餐。还有一间是拉康的卧室，面积也非常小，里面只有一张床和一个浴室。房子里什么排场也没有，所有的正餐都在外面吃，七十多岁的拉康还一直过着这种学生式的单身生活。我当时也没有觉得惊讶，因为我自己的生活方式也是如此。在这一点上，我们是同一类人。

从巴塞罗那回来不久，拉康就重新开始了他的讨论班，并将之命名为"安可"（Encore），这也是他最具启示性的讨论班之一。他用了整整一年的时间来讨论女性性、享乐、爱与两性间不可能关系的联系。也是在这个讨论班上，被称作"绳结"的波罗米结开始出现，而且后来变得越来越重要。拉康重新提到了波罗米家族与其他两个家族之间的联盟符号。这个联盟符号是由三个扭结在一起的连环构成的，只要一环断裂，另外两个也就分开了。拉康用这个扭结来描述符号、想象、实在三界之间的关系，这也是他理论的基础。

　　拉康在那个讨论班上还谈到了一些神秘主义者。在他的教学生涯中，这并非第一次谈到他们。但这一次与我有关。这种神秘主义萦绕在我心头。我给他带了贝居安修女哈德维奇·德安薇（Hadewijch d'Anvers）（这其实是两个人）写的一些作品，希望他能对这些修女的内心体验做出解释。但我什么也没得到。在这一年的讨论班里，他提到的女性享乐与神秘主义之间的关系，对我而言依然很模糊。在那些神秘主义者当中，我感兴趣的并非那些"粗俗的荡妇"，比如拉康提到的亚维拉的德兰（Thérèse d'Ávila），我感兴趣的是那些化为乌有的人（有时候是同一些人）。拉康对此没有说什么，但是在他的讨论班期间，这个问题一直让我魂牵梦绕，而我的欲望之谜就在其中。我确信，拉康拥有这个问题的答案，只不过要迟一点给我而已。

　　或许每一位听众都有着类似的期待。拉康是一位悬疑大师。他在讨论班的每一次课结束都会留下令人震惊的一句话作为结论，这句话抛出了一个谜题，并宣告了下一次课往往会给出非常特别的解答。他的一位学生曾在一个梦中表达了拉康让他感到的不耐烦："他没说真理之上的真理！"但是，这并不能阻止人们得到一种进步的感觉：每一次，人们都仿佛透过一点传达出某种新颖真理的辉光，隐约看到了某些新的东西、某种半说。这给他的讨论班带来了某种令人眩晕的魅力。人们一周接着一周地投入到讨论班中，期待着某种启示，在所有人看来，这种启示都无疑捕捉到了自身欲望的形象。这种期待一方面落空了，一方面又被拉康所带来的那些出乎意料的东西所填满。"安可"就是欲望之名，拉康不断地通过他的每一次发现所带来的激情而刺激着这种欲望。人们时常会被他提到的那些内容难倒，以至于人们要反复提到这些内容，以便能从中抽取出精华。

　　那几年时间里，我没有放弃，依然询问他这些神秘之事。一天，我问他有关亚维拉的德兰的精神病结构的问题。他回答我说，她是一个"神圣的色情狂"！但固执己见的我，让他有些厌烦了。于是在讨论班上，他这样说道："神秘，就是一种祸害，所有陷入神秘主义的人都证实了这一点……"我的问题依然没有解决。我应该读些书，自己把这个问题搞清楚。

后一年，他的讨论班文集《安可》出版了，这本讨论班文集由雅克－阿兰·米勒（Jacques-Alain Miller）编纂，是他编纂的第二本拉康讨论班文集，第一本是《精神分析的四个基本概念》（*Les quatre concepts fondamentaux de la psychanalyse*）。后者是73年出版的。拉康用我的名字玩了一个文字游戏，在这个讨论班的献词中提到了我："献给我最纯粹的凯瑟琳。"他跟我说，本想把这句献词写成希腊文，但最后放弃了，因为他想起，我并不懂希腊文。

在所有他题给我的献词中，我最喜欢的是他的博士论文，以及他早期有关偏执狂的文章中的献词，这些论文在75年得到了重新编辑："珠玉凯瑟琳·米约于斯文：她让拙思得以结成。"我当即理解了献词中的双关意义，米约可以被理解成"更好"[1]，就是我的谦逊掩盖着我的骄傲。我也很喜欢他的那些"拙作"，对此我曾深陷其中，我还喜欢他用来比喻我的珠玉，这让我想起了"阳光下闪耀的小石头"，拉康曾经用这句话来隐喻爱情。

我也参加过他在圣安娜医院做的临床演示。拉康花了很多心思在这种实践上，这种实践能维持他与精神病实践的联系。对于我们这些观众而言，每一次演示都是一段令人震惊的体验。人们全心全意参与到拉康与病人之间的相遇。他们之间的对话具有一种张力，这证明了拉康对待病人的决心。他的真理引导着他。这也是一种命运的形象，在我们眼中，随着对话的进行，这种形象突然显现了出来，并且愈发清晰：病人最初住院时遇到的危机，给这种命运染上了一种悲剧色彩。我们也在那里凝神屏息，

---

1 法语中，"更好"的单词是 mieux，此词的发音类似于作者的名字 Millot。故而在这里有某种双关意义。——译者注

聚精会神地倾听着这种宣泄性的对话。

人们从中学到了很多拉康的伦理，以及他作为分析家的实践。他从未偏离真理，也不会让别人走入歧途。他坚持着实在之点，坚持着那个极限。对于那些有妄想的病人，他会坚持用现实情况来打破这些虚假。因此，在与一个执意要求变成女人的跨性别者的会谈中，拉康不断地提到，不论他是否愿意，他都是一个男人，任何手术都不能让他变成一个女人。在会谈最后，拉康称呼他为"我可怜的老先生"。这再一次肯定了这位病人的男性气质，并同时以一种近乎友善的方式称呼他。因为这句话中丝毫没有高傲的态度，这就是拉康通常跟他人说话的态度。这句话代表着人的先决条件，即每个人都要面对一种不可能、一种时常是不幸的共通命运。拉康在与他人关系中所坚持的那一点，正是每个人那不可缩减的孤独。在这片孤独的场域中，人类的存在近似于痛苦。拉康总是让我们感到，正如热内（Genet）所言，在这种孤独中我们与他人完全无异。

有一天，我跟他说到，我曾经是一个很粗糙的女人。而他却对我说："不是只有你是这样，但这让你变得更加独特。"

拉康不会让听众对病人未来的治疗抱有希望。在病人离开之后的讨论中，拉康会毫不犹豫地断定，像这样的病人是"毫无希望"的。此外，他有时候也会直接对病人这么说，而这会带来一种惊人的安慰效果。

然而，尽管拉康有着一种悲剧感，但他的临床演示却丝毫不具戏剧性。他坦诚地面对病人，仿佛在场的只有他们两人一般。大家都这么觉得，他可以旁若无人地参与到会谈中。然而，他还是在公众面前跟病人说些话，以避免病人感到局促。他会一开始就跟病人说"这些人都是医生"，或者说"这些人都是朋友"，又或者说"他们都是来学习的"。拉康坐在那里，期待着病人的话语，澄清那些话语，帮助病人去理解发生在自己身上的事情，也就是说预先并不了解病人，而仅仅是想从他身上知道些什么。他会记下医生听众们对这个病人发表的一些看法。他在这一点上就像是在打牌，他会尽力抛开全能大他者的迫害性形象，而去理解病人所逃避的某种认识。他本身所处的位置就是一种教学，对精神病的转移操作的教学。但是这种教学并不仅限于一种技术，他所传达的也是一种伦理。

我还想提一下拉康的临床演示中的风趣。有些病人在会谈中经常会忍不住发笑，拉康自己也是如此。拉康有时候搞不懂一些众所周知的东西：比如一些流行用语，歌手或体育运动的名字。他会像让病人澄清某个妄想一样，非常严肃地询问病人什么是"一级方程式"。

风趣就是拉康作风的一大特点。这联系着他那大大咧咧的个性，也联系着他不经意间造成的荒诞，他那根弯雪茄就是一种体现，这种巴洛克式潘趣蛇（Punch Culebras）[1]就像是他研究的绳结一样。甚

1　一种蛇形调味雪茄，以类似麻花辫的编法三支一组进行包装，常见于存世的拉康照片。——译者注

至他在对波罗米结感兴趣之前，就已经开始抽这种雪茄了。拉康的风趣还联系着他童真的一面。我经常说他只有五岁，儿童在这个年龄有着发散思维，根据弗洛伊德的说法，压抑也是出现在五岁之后，而压抑总是代表着成年人心灵的某种脆弱。按拉康的话来说，他也正是在五岁的时候开始咒骂上帝。我并不怀疑，他自五岁之后就再也没有长大。这种想法并没有激起他太多回应。然而我还是了解到，在某一天午餐的时候，他向邻座的人透露了一个秘密：他只有五岁。

我完全被拉康的教学吸引了。我的激情、热情都投入到了其中。我的兴趣延伸到了整个精神分析的文献，当然也延伸到了对弗洛伊德的阅读，尽管我很久之前就开始读了他了。此外，我对精神分析运动史也很感兴趣，尤其对50、60年代三次分裂的起源感兴趣，而且那几次分裂的核心都在于拉康。他的个性和教学似乎就是那几次分裂的关键所在。

之前一年，我准备写一篇有关这个主题的博士论文。在我看来，让·拉普朗什（Jean Laplanche）完全可以当我研究的导师，他当时是唯一一位大学里的精神分析教授。我约他见面，他也毫不犹豫地答应了。他家里的等候室非常小。我突然有了个坏心思，这个等候室肯定是由厕所改造的。随后，我们在一间巨大的办公室里见了面，这跟那间狭小的等候室形成了鲜明对比，拉普朗什坐在一张巨大的桌子后面。这里的气氛跟拉康工作室的气氛完全不同。我向他提出了我的研究计划，但他却提出了反对意见，说参与这段历史的精神分析家们都不愿意向我提供信息。他很愿意指导这类研究工作，但前提是我把视角转向英国，毕竟那里的精神分析遇到了自梅兰妮·克莱因和安娜·弗洛伊德（Anna Freud）之争带来的重要体制问题。拉普朗什甚至夸口说，他准备帮我找一些资金以便我去研究英国的精神分析问题。这种主题在当时的法国还是太过劲爆了……我跟拉康讲述了这次会面，于是他立马打电话联系了相熟的乔治·巴兰迪（Georges Balandier），后者立马就同意当我的导师。巴兰迪不是精神分析家，而是一位社会学家，因此精神分析圈里的那些紧张关系对他没有太大影响。而且在我这边，他也并不反对我采用一种人种学取向进行研究。

我在巴兰迪那儿工作了两年，在他的讨论班上做了几次报告，而且也发现了我要求索的东西。也就是说，我认为自己就是这件事的关键，但是我还是放弃了我的博士论文。拉普朗什并没有错。我接触不到那些文献档案，采访的那些精神分析家也都三缄其口。最搞笑的是，有一位分析家（我不会说这位分析家的名字）为了拒绝我的采访，提出的理由居然是：我要么还处在个人分析中，而这只会干扰这段历史；我要么没处在分析中，而这代表着我什么都不懂。精神分析真成了一种秘传法术了！然而，我的研究无疑是很不成熟的。63 年那次分裂至少可以往前追溯十年，并且留下了一段至今让人痛心的回忆。而那次由于"通过"制度而产生的分裂，则仅仅发生在四年前。

至于拉康，他回应了我的问题。他甚至建议我翻查一下他保存在家里小房间里的那些文件。那些文件都是散乱的，没有归类。他用最乱的方式在处理这些文件。后来，我觉得翻这些文件算是一种侵犯，会让我感到很难堪，于是我很快就放弃了。不久之后，我就在想，雅克－阿兰·米勒是怎么从这堆杂物中清理出大量的文档、信件、通函（这些文档完美地呈现了事情的发展经过），并将它们有序地整理成两部集子的。这两部集子对应着53年和63年的两次分裂。我不得不相信，他受到的限制比我少，当然权力也比我大。但是，我还是很感谢拉康提供的帮助。他对我毫无保留，给了我十足的信任，同时也恰到好处地不做干涉。

工作过程中，我认识到，我之前无知地求助过的拉普朗什，在63年那次分裂中扮演了很重要的角色。面对国际精神分析协会的权威，他否认了自己受过拉康的训练，这让拉康非常痛心。然而，一段时间之后，可能是在 74 或 75 年，拉康参加了一次招待会，这很罕见，因为拉康并不热衷于这种社交活动。他在那里遇到了拉普朗什，后者表示非常高兴能再次见到他，并承诺要送给他一箱自己酒庄的勃艮第红酒。当时气氛很欢乐。我很惊讶，拉康对这个恶心的叛徒就这么算了，于是我提醒他勿忘前事。听后他只是放声大笑。那箱勃艮第红酒倒也一直都没送来。

73 年初，拉康打算去蒂涅滑雪，陪同我们的教练员很是担心：拉康毫无滑雪技巧却又十分莽撞。就是在那儿，我眼见着他滚落山崖。在那里，他与两个组织的成员进行了会晤，这两个组织分别由他两个米兰学生孔特里（Contri）、维迪里昂（Verdiglione）组建。这二人的差别要多大就有多大。一个组织叫"融合与解放"（Communion et Libération），这个名字很有一种让拉康抓狂的禀赋，因为对他来说，这根本就是两个完全矛盾的词；另一个组织则叫作"符号学与精神分析"（Sémiotique et Psychanalyse）。

还有诞生于罗马的第三个组织，由穆里尔·德拉齐恩（Muriel Drazien）组建。她是拉康的另一位学生，也肯定是关系最紧密的一位，在斯特拉斯堡和巴黎受训后，最近刚刚定居意大利。

接下来，73、74 年，为了鼓动这三个学生，也就是他口中的"铁三角"，以组建一个统一团体，拉康去了好几次罗马和米兰。显然，这三人兴趣的不同并未让他感到气馁。他寄希望于把这三人照着波罗米结（nœud borroméen）的性质联合起来。而这一次，他的"波氏结"究竟能否把这三个各执己见的人联合起来呢？他们可是像实在(réel)、符号(symbolique)和想象(imaginaire)三界一般异质：一个天主教军人，一个搞煽动的文人，还有一个美洲出身的女犹太人。后者受过的分析家训练可能是最可靠的。尽管彼此不太乐意，但还是有可能把他们弄到一起的。

有一次去米兰参加维迪里昂组织的会议，在埃马努埃莱二世长廊的一间餐馆，我们与拉康相熟的安伯托·艾柯（Umberto Eco）共进了午餐。见到他时，拉康高兴得像重逢真爱。看到眉开眼笑的拉康，嫉妒心轻轻地揪了我一把。但他俩的关系中没有任何的暧昧，拉康纯粹就是喜欢艾柯。

还有一次，要去米兰，因为那阵是春天，我就想住在一间乡下的房子。我只要表明心意，拉康就会尽力满足我。维迪里昂设法帮我们弄到了一间房，还有辆配有司机的车。可因为拉康在米兰要开很多会，而我又得陪着他，这样坐车来来回回反倒让整个安排显得多有不便。事后看来我似乎有些任性，但拉康对此没有过一句怨言。我觉得他可能根本没放在心上。

他见了很多次自己试图促成的意大利"铁三角"，整个过程中，我见证了他为这份事业付出的精力和毅力，尽管失败是可以预见的。权衡时他只考虑了自己欲望的分量，却忽视了其他人的心机权谋，也从未想过对三人各个击破。总之，拉康不是个当领导的料。他最感兴趣的是验证"他的"结的影响力。

由此可见他堂·吉诃德的一面。

我只在唯一一处别的地方见过他将同等的精力投入到建立机构的事务，尽管方式有些不同。那就是后来 74 年的秋天，他支持了雅克－阿兰·米勒向他提出的计划——在万森纳[1]（Vincennes）重建精神分析系。合并建系的工作闹得沸反盈天，反对声浪实在太高，他只好把米勒的事情揽到自己身上。有人甚至不知廉耻地当面叫嚣让拉康去死。他不得不回了这号想取他而代之的人一句，你迟早也是要死的。拉康亲口告诉了我这些。他抱着必胜的决心，插手了当时的乱局。我未曾考取精神分析系，也未参与整个合并事宜。但我记得有一回，具体哪一回我记不太清了，一些人让拉康给他们一个合并建系的理由，我发现拉康向他们撒了谎。对此，他没有否认，一笑了之。我也从中看到：他不是那种会向实际情况屈服的人。

1　万森纳大学，即巴黎八大。精神分析系成立于 1975 年 1 月。——译者注

通常，他不会插手机构的政治事务，也不会和谁讨论学院里可能出现的问题。比如说，周末或晚间，他接的电话都跟这些无关。他在自己创立的事业里，仅参加一些评审会。尽管身为领导班子成员，他也很少做干预。我觉得他只在最低限度上行使权力。因为，临床实战和准备讨论班，已经用去了他绝大部分精力。

73年春天，拉康打算去意大利的翁布里亚（Ombrie）游玩。他已经打算和T同去了，竟然还想让我答应陪他俩一起去。对T的眷恋，对我的渴求，撕扯着他的内心，既不想缺了我，又不想少了她。为了解决这一难题，他竟打算把我们凑到一块儿。这就和他想弄"意大利铁三角"一样，没门儿。我其实对这种安排没有什么成见，可我深知，妒火是多么难以消受。尽管拉康衷心地想帮我克服妒忌，然而他叫我陪他和T六月再共度假期时，我又拒绝了。于是，我去了阿尔巴尼亚（Albanie）和父母团聚了。

当时，我父亲刚被任命为驻阿大使。

离人心头多峻苦。地拉那（Tirana）的通信不甚便利，几乎不通电话，寄信也要一周才能到。拉康每天从巴黎给我写信。后来，他去了黎巴嫩，通信就更困难了。没了我的消息，他信中的语气透露着"我好烦躁"，他这样写道。这对我来说，影响也不大，就是在都拉斯（Durrës）海滩一个人游泳时，突发心跳过速，差点淹死而已。六月底，回到法国，终于跟拉康通上了电话，他向我诉说着和 T 住在一起的种种痛苦，还不停叫我去找他，我顿时心旌动摇，因为我所受的别离之苦完全不亚于他。于是，我坐上了去往贝鲁特（Beyrouth）的航班。时值八月，酷暑难当，但显然，拉康比我受得住。贝鲁特城非常现代，豪奢绝伦。他的一个学生，哈德南·胡巴拉哈（Hadnan Houbbalah）充当我们的向导。后者刚刚定居贝鲁特，而他作为分析家的工作只能在终年的炮火连天下展开。

关于黎巴嫩，我回想起了美丽的宫殿，巴勒贝克（Baalbek）的残垣，山里的一餐，美味的什锦拼盘。很快，我们便出发去往叙利亚，哈德南夫妇作陪。邻近边境，军用卡车不停地集结隐蔽，预示着大战在即。我们游览了大马士革、帕尔米尔和阿勒颇。大马士革宽广而昏暗的集市，帕尔米尔的斜阳，离阿勒颇不远，矗立着的圣西蒙的柱石（colonne de Siméon Stylite）。我曾依着布努埃尔[1]（Buñuel）去想象这柱石，可它并没有想象中那么高大。

回到贝鲁特，法国大使邀请我们住进了他的官邸。那是一所位于公园中的宅子，历史悠久，唤作"雪松府"。晚间，在大使的陪同下，我们在拱廊下用了晚餐。但这场迷人的旅行却是在我的病痛中度过的。我得了空调病。那晚是我们最后一次共寝。

74年初，拉康又叫我陪他和T一起旅行，去中国。同行的有菲利普·索莱尔、茱莉亚·克里斯蒂娃（Julia

---

1 布努埃尔，超现实主义导演，执导过一部名为《沙漠中的西蒙》（*Simón del desierto*）的电影。该片于 1965 年上映，涉及的正是苦行圣人登塔者西蒙（Siméon Stylite）及上文柱石。——译者注

Kristeva）、罗兰·巴特（Roland Barthes）、弗朗索瓦·瓦勒和马尔瑟兰·普雷内（Marcelin Pleynet）。我拒绝了。不过，拉康最后放弃了这次旅行，原因我也不太清楚。是 T 不想去了，还是她没拿到签证呢？不过，75 年秋天，T 陪拉康去了在美国举办的一系列大学巡回演讲。

在这次未成行的旅行后不久，拉康想去万森纳动物园看中国送给蓬皮杜总统的两只大熊猫。这不是我们唯一一次一起去。他还喜欢看河马，觉得和这种动物意气相投，也许是因为他俩都是哈欠大师吧！我们每次都是周六上午去动物园，这个时间我也常常陪他去看展览。

73 年秋，弗洛伊德学院年会在蒙彼利埃旁的拉格朗德默特（La Grande-Motte）举行。这次会议令人难忘，因为它很不寻常，人们的发言和辩论中有一股热忱在激荡。当时的许多议题都涉及拉康六年前提出的，曾引起过一次分裂的"通过"制度。"通过"制度其实就是搜集想从分析者过渡到分析家的人的证词。拉康希望考察这个"通过"背后的原因。作为决定性的时刻，"通过"也引出了"分析的结束"这一问题。

这一制度让很多分析家摸不着头脑。但这次会议中，大家都觉得"通过"是一个开放的平台，并且给大家注入了新的活力。拉康在大会期间做的发言对此功不可没。他把"通过"的时刻类比于一种赫拉克利特式的澄清，后者能让事物凸显出来，就如山峰在雨中凸显一般。这是受了海德格尔（Heidegger）和芬克（Fink）关于赫拉克利特的讨论班的影响，这本讨论班文集在大会前不久才出版。拉康买了这本书，并且立刻被吸引住了，整个假期，他都津津有味地读着。

他多次提到"通过"经验中的"希望"。一般来说，这个"希望"不是令他窒息的那种。他也说过，总有一天他会自杀。他到底希望着什么呢？毫无疑问，是希望澄清分析的效果，以及分析家欲望的性质（"谁能经由进步者的脑袋'通过'呢？"，拉康问道）。

此外，为了对抗那些把拉康的"希望"视为陈腐教条的建制派（*establishment*），他提名了一批年轻人和不知名的人作为"学院分析家"。而几年后，他宣告"通过"制度失败时，同时也宣告了弗洛伊德学院的失败。可那一年，蒙彼利埃大会是多么地生机勃勃。我们都曾感到自己投身的是一场一往无前的冒险，一场精神分析的冒险。而到头来只是拉康的欲望摆了我们一道。

这次大会中，我不得不接受我们关系的"曝光"。我本想躲在阴影中，让这份关系保持在地下，为此我在一家小旅馆订了间房，和拉康及学院显要下榻的酒店离得远远的。但拉康并不同意我的安排，于是我只得伴在他的身旁，穿过大厅，经过正在宴饮的与会权威们，走向电梯。所有的眼睛都注视着我们。我的审慎对他来说毫无意义。几年后，另一次大会上，他甚至通过会场的广播来呼唤我！

73、74 年起，我越来越多地在吉特朗古尔陪伴拉康，差不多每个周末。那是一所漂亮的宅子，一所十八世纪的官邸，恰到好处地保留着时代的特色，还透着一种私密性。西尔维娅把它装扮得十分雅致。有一栋附楼被之前的房主，一位知名画家，改成了画室，拉康就在那儿办公。他前方是一扇朝向花园的落地窗，窗户右边挂着一幅莫奈画的吉维尼（Giverny）风景，画中的睡莲在叶丛中若隐若现。拉康对这幅作品爱不释手。而我就坐在对面的沙发上，在他身边工作时，一眼就能瞧见它。画室里布置了一个小二层，人们可以在那儿欣赏《世界的起源》（*L'origine du monde*）[1]，安德烈·马颂（André Masson）[2]用一幅木版画把它盖住，以影射，主体本身就可以被看成是藏起来的。拆下画框的一边，拉开马颂的木版画，就可以看到库尔贝的作品了。拉康把这个揭秘仪式当成一种乐趣。小二层的边缘装饰着一些前哥伦布时代的陶器。我特别钟爱其中一件。上面画着一个胸部略显眼的女性身体，她身边的小家伙是那么小，显示出这位母亲有着巨人一般的身材。

别墅和画室远处，右边扩建了花园，另外还有一个新建的泳池，池边还新修了一所小房子。其中一个房间装饰着庞贝风格的壁画，透过落地窗，正好看向泳池。女管家艾丽西娅（Alicia）就是在这个房间奉上她备好的午餐。小房子里有一个小厨房和小浴室，另外还有一个装饰成日本风格的房间，这是他从日本度假回来后找一位设计师做的。任何季节，

---

1 法国画家古斯塔夫·库尔贝（Gustave Courbet）的作品。——译者注。
2 拉康连襟，画家。——译者注。

任何天气，拉康都要在午餐前赤身跳进泳池，就游两个来回。与其说这是一种运动，不如说是一种仪式，甚至是一个拉康从不打破的仪式。泳池边的墙上，爬满了各式各样四季交替开花的植物，它们刚好遮住了和邻家相连的墙洞。叶丛应时当令，一日一景，悦目赏心。

我们还在那儿度过了一段夏日，泳池和别墅让人觉得在吉特朗古尔的日子像度假一样。但那里也是一个绝佳的工作地点。拉康就镇静专注地给我们做了表率，整个上午和下午都忙于工作。早晨，他常常赖在他房间的床上。一块小画板就是他的写字台，上面夹着好些纸。除了床头柜，床两边还各有一张方桌，上面堆着许多书和稿子。到了下午，他就挪到画室，坐在朝向落地窗的大方桌后边，一待就是几个小时，除开手在书页上的动作，整个人一动也不动。这种一动不动给我印象很深，因为这完全不像我认识的拉康：相形之下，完全不同于那个布朗运动一样动个不停的他。他的一动不动，一言不发，仿佛造就了一个空的中心，而我们，就绕着它公转。

我这里用了复数，我们，因为他女婿雅克-阿兰、女儿朱迪丝，以及他俩的孩子们，渐渐地常来吉特朗古尔过周末，后来，洛朗丝和她的三个孩子也加入了进来。这几年，我觉得自己也被吸纳到了这份家庭关系中。我和孩子们在附近骑马，也看着他们长大。岁月静好。这份家人的陪伴似乎也让拉康备感幸福，尽管他总是沉默寡言，耽于沉思。比如，餐桌上，他就从不参与聊天。

雅克-阿兰和我有个共同点，就是都对拉康十分着迷。这也是我俩互有好感的基础。此外，我们还有着打羽毛球这一共同爱好。和通常的规则不一样的是，我们打球是要尽可能延长接发球的回合，让对方更容易接球。这种少见的打法更强调持久，而不是对抗。晚间，我们会在装饰着雷诺阿作品的客厅打牌：不是扑克，也不是桥牌，而是一种儿童游戏，类似于吃礅游戏（barbu）[1]，但拉康从不参加。除开游戏，以及好天气时泳池边的时光，我们还是很用功的。别墅的大部分场地都能让我们各自找到适合独处的地方，也就是一个自由的空间。聚居与独处，两者在此区隔，而又聚合。

从 74 年秋天起，我开始跟着拉康在画室里准备我在万森纳的课程。我研究的是弗洛伊德的教学，这是我博士论文的主题，因此我要全面重读弗洛伊德的著作。时不时地，我会向拉康提个问题。我是该斗胆打断他的思路呢，还是该等待合适的时机呢？他并不总会回答我。有一次，我问了他一个关于死冲动和超越快乐原则的问题。我就问他，死冲动是位于睡眠欲望一侧，还是位于觉醒欲望一侧呢？他对这个问题很感兴趣，因为，经过了很长一段沉默，他才回答了我。他回答得非常详细，我对此作了笔记，

---

1 牌类游戏玩法的一类型，纸牌有大小之分，每方轮流从手牌出一张牌，必须出与引牌同花色牌为优先，出最大者获该礅牌并成为下次的引牌者，持续进行到手牌出完，以获得礅者最多、分数最高为胜。——译者注。

并悉心保存了起来。

这些笔记后来发表在《驴子》(*L'Âne*)杂志[1]上，如今重读起来，我觉得它们实事求是地反映了拉康思想的变动，及其纷乱的特色。他的思考一直在突进，直到陷入僵局，随之改换思路，但又以同样的方式，遭遇绊脚石。此处划定了一个区域，思想在这里遇到了一种不可能，一种带来孔洞和瓶颈的不可能。从弗洛伊德的文章中，可以看到，走入死胡同的情形不断重复，而这也让我们得以勾勒出实在的轮廓。我们从分析治疗的进展中发现的正是类似的情形。

这一天，拉康提到了"梦见醒来"。他说，生命就是某种可以梦见绝对清醒的东西，某种完全不可能的东西。时至今日我还在思考，多年以来，这个梦是何等萦绕我心。拉康曾补充道："觉醒的欲望仅仅是一种不着痕迹的、沉浸于绝对知识的梦。"

在吉特朗古尔的假期里，我完成了博士论文。

---

1 《驴子》杂志，是一份拉康派双月刊。创刊于1981年，由热拉尔·米勒（见下文）、朱迪丝·米勒等人主办。——译者注。

这花费了好几年。写作时常伴随着抑制，也夹杂着巨大的焦虑。在别墅主楼的绿色小书房里，我离群索居，如同苦行，死去活来千百遍。我就坐在桌前工作，脊柱侧凸弄得我非常难受，备受折磨。从那以后，我总是避免这种坐姿。这间小书房里，有一个藏有珍品的小图书馆。拉康曾向我展示过一些，比如限量版的《玛丽·波拿巴童年回忆录》(*Souvenirs d'enfance de Marie Bonaparte*)。正是跟弗洛伊德做的分析让她可以完成这样的重构。我们可以看到，墙上挂着贾科梅蒂年轻时的两幅画作：一幅自画像和一幅死人头，二者两相呼应。尽管有三扇朝向花园的落地窗，左近的树木还是让房间显得有些昏暗。这是我痛苦的牢笼……

吉特朗古尔也是个宴饮的场合。假期天，拉康会邀请一些人来过周末，或者待得更久。要么是对他们的著作感兴趣，要么就是对他们本人有好感。比如说程抱一（François Cheng），69 年起，拉康常常请他帮助自己阅读这样那样的中文文献。我记得，战争期间，拉康曾在家对门的东方语言学院（l'École des langues orientales）学过中文。在他们的会面工作中，程抱一得以见识拉康式的专注思考，思想的开放，以及永不停息的好奇心。"'我觉得'，一次访谈中他说道，'拉康医生从某个人生阶段起，就不再是别的，而仅仅是思想了。我和他一起工作的时候，常常会想，他生命中有没有哪怕一秒没在思考重大理论问题呢？'"程抱一说，为了投入到《中国诗语言研究》（L'Écriture poétique chinoise）的写作，他停掉了和拉康的规律会面。拉康对此表示理解，并欣然接受，却也叹道："接下来我会变成什么什么样呢？"这声叹息，是由衷的呼喊。这就是拉康！

是77年还是78年来着？他们最后一次在吉特朗古尔会面，分别时，拉康对他说："亲爱的程，依我对您的了解，您知道的，由于客居异乡，您人生中有着诸多断裂：和过往的断裂，和文化的断裂。但您懂得，不是吗，把这些断裂转化成有可为的中空（Vide-médian agissant），把您的现在和过往、西方和东方连接起来。"

同一时期，拉康还常常邀请一位数理逻辑学家，维特根斯坦（Wittgenstein）的学生格奥尔格·克里泽尔（Georg Kreisel）。这位在奥地利出生的犹太人，在德奥合并前，被父母送到英国留学。他曾在三一学院（Trinity College）学习数学，并且在战后专修证明论。夏天的时候，他在吉特朗古尔住了很久。他有着中欧知识分子的聪明头脑，也有一种古怪老男孩的气质，还有些多愁善感。即便是天气很好的日子里，他也从不去泳池游泳。但他也远没有拉康古怪，似乎后者很能激起他的好奇。

74 年还是 75 年？记得一个周末，我们一帮人聚在一起，有雅克－阿兰和朱迪丝，雅克－阿兰的朋友兼老同学弗朗索瓦·勒尼奥（François Regnault），和雅克－阿兰在巴黎高师时就结下友谊的让－克罗德·米尔内（Jean-Claude Milner）、布莉吉特·雅克

（Brigitte Jaques），热拉尔·米勒（Gérard Miller）和乔丝琳·利维（Jocelyne Livi），还有贝诺·雅科（Benoît Jacquot），他那时刚和拉康拍完《电视》（*Télévision*）。

一开始，拉康拒绝一切电视采访，用一种近乎刚愎自用的傲慢斥退了许多有求于他的主持人。年轻又籍籍无名的贝诺·雅科找到了他。用拉康的话说，这个"小角色"（没有任何贬义），吸引并且征服了他。那个周末过得很愉快。大家一起玩了雅克-阿兰钟爱的桌游。他的弟弟，热拉尔，给我们上了一堂关于催眠的课。不用说，拉康都没有参加。

如今，重新观看的话，《电视》有一种奇怪的效果。说实话，刚上映时也是如此。不管哪个人在电视上对观众说话，都会像对身边的人说话一样，就像他们很亲近地共处一室。而拉康，就像对着人民群众训话一般，向成千上万构成电视观众的人讲话。他还表现出了一种自成一格的戏剧化腔调，因为这不是一个即兴演讲，而是事先写好的一篇回应雅克-

阿兰问题的稿子。

电影人马克欧（Marc'O），经常参加拉康的讨论班，他就很欣赏拉康的仪态。《电视》播出的时候，他正在一个山间的小旅馆，当即请求旅馆老板在前台播放这个节目。于是旅店里所有人都在定好的时间专心观看了影片。结束的时候，旅店老板说话了："有意思是有意思，但精神科医生怎么没出场呢？"

拉康对贝诺·雅科抱有十足的好感。不久以后，后者推出第一部电影《音乐杀手》（*L'Assassin musicien*）时，拉康就给《新观察家》（*Nouvel Observateur*）写了一篇赞美之词："他的尝试有着大师之风。就作曲和构图而言，我认为，该片是一部杰作。"

拉康喜欢被年轻人围着，对他们也毫不吝惜自己的支持，比如对布莉吉特·雅克《春天苏醒》（L'Eveil du printemps）的首映礼就是如此。按原著作者韦德金（Wedekind）的话来说，这是"一部儿童悲剧"。这部剧和雅科的电影不无共鸣。我还记得参加首演的那个晚上，那是74年的秋季汇演（Festival d'automne）。拉康对此很感兴趣，并且还为节目写了一篇简介。就像对待贝诺·雅科第一部电影那样，参加布莉吉特·雅克的首秀也令他激动万分。这是一位讨人喜欢的迷人女子，她注定会是一位优秀的导演。

拉康也很乐意购买还不出名或者几乎不出名的年轻艺术家的作品。比如弗朗索瓦·鲁安（François Rouan）。拉康是在美第奇别墅认识的他，以及他的皮织画。拉康对这些使其想起波罗米结的作品很感兴趣。他还陪我去参加了我朋友让－马克斯·图博（Jean-Max Toubeau）的展览，从他那儿买了好几幅画，并订购了一幅我的肖像。

74年秋天，我开始在精神分析系任教。在此之前，九月份，在朱迪丝、雅克 - 阿兰一家，以及热拉尔·米勒和乔丝琳·利维的陪同下，我们在威尼斯度过了一个长假。拉康最好看的照片里，有一张就是在这个假期拍的：他身子探出码头，步履轻盈，身姿灵巧，嘴上叼着潘趣蛇，手里拿着《洛伦泽蒂》小册子，是那么风雅。还有的照片里，他坐在游艇的玻璃船舱中，面带微笑，目光如炬。后面几年，还有几次威尼斯的家庭旅行，洛朗丝和孩子们很快也加入了进来。拉康总是拉着身边一行人去参观博物馆和教堂，这样的假期似乎让他很开心。他那刚五六岁的小外孙卢克（Luc），勇敢地跟随着外公的步伐。

而就在不久前，拉康经历了一场可能永远无法归于平静的悲剧。74年7月，他打算造访阿尔巴尼亚。他对这片几乎无法访问的国土充满了好奇。我父亲当时还在阿尔巴尼亚任职，这也成了一个去那里旅行的契机。要去地拉那，必须取道罗马或布达佩斯。后者更吸引拉康，一是对这个初步经历自由化的国家感到好奇，更是因为这里曾是弗洛伊德时代的精神分析圣地。弗洛伊德的重要弟子之一费伦奇（Ferenczi），就曾在布达佩斯培养了一大批分析家，其中，伊姆雷·赫曼（Imre Hermann）还健在，并且还在多少有些"地下"的状态从事着精神分析。拉康对其关于"依附"（cramponnement）冲动的工作很感兴趣，因此希望见他一面。让－雅克·格罗格（Jean-Jacques Gorog）是一位年轻的匈牙利裔巴黎精神分析家，熟知当地语言的他和我们同行。对我来说，这是一次故地重游。我父亲曾是布达佩斯的大使馆随员，因此我曾在这里度过了三年的童年时光。

布达佩斯变化良多。我们首先参观的是刚刚整修完的瓦尔街区（Var）。接下来在那儿看到的免税家电及高保真音乐设备商店，则是另一番新气象。街头的女士们气质优雅。格罗格不久前还向我提起，我当时特别留心过其中一位，因为我很喜欢她的高跟鞋。我当时就说自己很眼馋，想买双一样的。

拉康撒腿就跑，去追那位年轻女士，问她鞋从哪儿买的。格罗格跑去帮忙翻译。结果她说是按照在《她》[1]上看到的样式定做的！为他人的欲望鞍前马后，是拉康的一种优良品质。对他来说，没有微不足道的欲望，就连最小的心愿都足以引起重视。

当地的警察尚未改观。伊姆雷的一个熟人在开车载我们去他家途中，认为我们被跟踪了，便不停地看后视镜。这个人曾因政治动机问题入狱。至于

---

1 *Elle*，法国时尚杂志。——译者注。

是拉科西（Rákosi）时代还是 56 年镇压动乱时的事儿，我不太清楚。拉康突然对他说，那一定是他生命中最感到自由的时光。当时我心中一震，随即自问，拉康这话是受这个个体的启发呢，还是仅仅是一个更具普遍性的判断呢？后来读到亚瑟·库斯勒（Arthur Koestler）时，我的疑惑才得以解开：这位犯人所具备的，是一种内在的自由美德。

最大的新鲜事物要数思想开放了。在一次以拉康为核心的师生集会上，人们熟知法国知识分子的著作：他们读德里达（Derrida）、德勒兹（Deleuze）、福柯（Foucault）、巴特（Barthes）、索莱尔和克里斯蒂娃（Kristeva）……还有拉康。这番景象使我震惊。那是一种无与伦比的文化繁荣，如同身处法国一样，这和亚诺什·卡达尔（János Kádár）统治下四处弥漫的恐怖氛围形成鲜明对比。

前往地拉那之前，我们在布达佩斯待了三天。而拉康却无暇游览阿尔巴尼亚了。我们到达两日后，获悉了他长女卡罗琳娜[1]的死讯。她在昂蒂布（Antibes）被一辆汽车撞倒。拉康为此悲痛欲绝，我眼见着他椎心泣血。他很爱这个女儿，常去她那儿吃晚饭，欢喜地看看外孙女儿们。我们即刻动身返回巴黎。时至今日，我都能清晰地感到，这件丧事前后的拉康判若两人，整个性格色彩都变了。刚认识他时，轻松活泼构成了他的蓬勃生机。而当女儿长逝，他的活泼受了摧残，心底蒙了阴影，人也更加沉默寡言。

74年秋天，学院年会在罗马召开。组织会议的是意大利"铁三角"中拉康最看好的学生，穆里尔·德拉齐恩。我们待在罗马期间，她认识了我朋友宝拉·卡萝拉，后者协助她完成了会议组织工作。不久，宝拉就决定到巴黎找拉康学习精神分析。

这次会议也是学院成立十周年的纪念活动。此外，20年前，53年，拉康曾在罗马以他著名的报告

1　卡罗琳娜·拉康（Caroline Lacan），精神分析家，雅克·拉康与第一任妻子玛丽 - 露易丝的长女。——译者注

《言语和语言的场与功能》（Fonction et champ de la parole et du langage）一鸣惊人地展现了其教学。这一次，他则发表了一篇短小精悍的演讲，题为《第三》（La troisième）。但他并没有好声好气地说话，而是和往常一样，恶狠狠地盯着人群，还对在座的分析家们训诫道："接待找你们做分析的人时，切记要放松。不要觉得自己非得端架子。像个丑角一样才是对的。你们看看我的《电视》，里面我就是个小丑。这可以作为一个例子，但你们可不要模仿我。"

翌日，雅克-阿兰·米勒尖锐地重申了拉康的话，颂扬拉康的同时还尖锐地控诉了一些分析家，指责他们的自命不凡（"什么叫自命不凡？就是从不愿意经受考验"）、虚无主义，以及虚伪做作。而很快就轮到丹尼尔·希伯尼（Daniel Sibony）来指责对拉康的颂扬"就像给木板敲钉子的噪音，还带着哭丧的腔调"。

一句话，气氛剑拔弩张。这和一年前拉格朗德莫特大会的良好氛围和热情洋溢形成了鲜明对比。

一场学院分析家和米勒之间的冲突拉开了帷幕，很快，战场就将移至万森纳。

这也是拉康与他所创学院之间关系的转折点。六年后，这场争端才逐渐平息。

拉康全力支持雅克-阿兰·米勒，因为后者刚出版了第一本讨论班文集。当时，拉康的很多学生都想成为讨论班概略本或重写本的作者。事实上，以前根本不能出版拉康的课程，或者类似的东西。米勒则是第一个认识到全文出版时机已经成熟的人。他所做的不是重写，而是把速记稿和一些孤本录音转录下来。拉康对这一选择很满意。73 年 2 月，《精神分析的四个基本概念》这个讨论班文集出版了。罗马会议几个月后的 75 年 1 月，另外两本也出版了，即就时间而言最早的讨论班文集《弗洛伊德的治疗手段论》（*Les écrits techniques de Freud*），以及最后一本，也就是最近的《安可》。后者的封面就是贝尼尼的雕塑名作《圣女大德兰的神魂超拔》（la transverbération de sainte Thérèse d'Ávila）。罗马大会时，和朱迪丝夫妇一道，我们到"胜利之后圣母堂"（l'église Santa Maria della Vittoria）参观了那尊雕塑，于是拉康心头一热就决定采用它了。

这一年，是充满热忱的一年。几本讨论班文集的出版是一桩大事，拉康还全力投入到了精神分析系的换血中。参与者都是年轻人，而不是分析家，但其中大部分人后来都成了分析家。对他们来说，精神分析的教学、概念，以及勾勒出他们自身历史的文本，都是一场冒险。我也把我的青春年少所能允许的全部热情投入到了其中。拉康前不久才批判了"大学的辞说"（discours universitaire），而且69年塞尔日·勒克莱尔（Serge Leclaire）投身万森纳大学时，他并不看好。他态度的彻底转变让学院成员们感到惊讶，仿佛拉康不再相信他们会继续跟随自己的教学。

这并不妨碍他出席75年春季的"日间会"，并且还常常在讨论中表示赞同。在他清晰的发言中，我记住了这几句："唯一重要的，"他说道，"不是个体性，而是独特性。基本规则 [1] 的意思是：为了某种独特性不被忽视，我们值得经受一系列的个体性……如果出现了某个定义独特性的东西，那么这就还是我称之为'命中注定'的东西。"他补充道，要让独特性"凸显"出来，只能靠运气，而只有通过自由联想才能抓住它，因为这一规则扰乱了快乐原则。

我们在吉特朗古尔过圣诞假期时，雅克－阿兰提了一个创办期刊的点子。刊名《欧尼卡？》（*Ornicar？*）是他和让－克罗德·米尔内、阿兰·格罗斯理查德（Alain Grosrichard）一起玩猜词游戏 [2] 时选出来的。75 年 1 月，第一期出版了，开头是拉康写的"推介"，题为《也许在万森纳……》（Peut-être à Vincennes ...）。

1　基本规则（règla fondamentale）在精神分析文本中指自由联想。——译者注
2　出题人选一个词但不公开，参与者只能提封闭问题，即只能以"是"或"否"回答的问题（如，它有生命吗？它是动物吗？它会飞吗？），逐步猜出答案。or、ni、car 是法语中的三个连词，分别表示而、亦非、因。——译者注

同一时期，我住进了一所位于图尔农街（rue de Tournon）的公寓，走去里尔街只需一刻钟。每到早晨我才回去，偶尔也会在半路和我的朋友莫里斯·卢西安尼（Maurice Luciani）喝杯咖啡，关于爱情，我们总能聊很久。到了晚上，我就打车接拉康一起去餐馆。

　　那个点打车可不太容易。有时候我迟到个五分钟左右，就会看见拉康在里尔街马路边急得咬牙跺脚。除开我一次次不要命地乘车飞驰于巴黎和吉特朗古尔之间，我俩的关系也不免偶尔面临紧张和考验，但我苦行般地全盘忍受，并对他的不忠置若罔闻。

这些不忠发生在七月，当时假期将至，他也刚结束了当年的讨论班。我最终还是察觉到了。于是，我爆发了，而他耐心地包容了我。他对女人愤怒的忍耐力当真是可圈可点，这也让我觉得，被动有时候也算是一种男子气概。至于我，我开始肆意泄愤，反正我知道他也不往心里去。七月就这样过去，我也渐渐冷静了下来。

这时他也写完了一些打算发表的稿子，并叫我去读写好的几个不同版本。他写完初稿后，就扔进纸篓，开始重新写，然后再重新写。就拿《言花》（*L'étourdit*[1]）举例吧，他写了三个版本。第一版最易读，而后面两版都添了些莱布尼茨意义上的"复杂性"（complication）。他通过凝缩、复因决定论，

1　拉康于 1972 年 7 月发表的文章，收录在期刊《亦即》（*Scilicet*）第四期以及《别集》（*Autre écrits*）中，该题目是一个乔伊斯式语词新作。拉康在该文中多用双关和语词新作，试图以这些言辞的花招来凸显无意识的功能。动词 étourdir 意为"使头昏眼花"，结合文章内容所呈现的"言辞花招"，姑且译作"言花"。——译者注

以及歧义来进行改动。因此读者必须逐字逐句展开阅读。

　　每周我都会在图尔农街安排一次晚餐，他基本上都是让最后一位病人开车载他来。我对家务不太在行，但他也从来没说过想我多请他几顿。

　　我和他偶尔会邀请一些朋友，尤其是玛丽·卡芭（Marie Cabat），她两次到伊维萨岛（Ibiza）都住在我那儿。拉康对我的朋友们总是礼遇周到，并且对与他们有关的事都很上心。举个例子来说吧，玛丽晚上都去打牌，并且她想靠赢钱来养活自己。每天晚上拉康都向我打听头天晚上牌局的战果。打牌多少有些随机，玛丽不得不找份工作。拉康是随时愿意效劳的，于是他立马决定把她推介给弗洛伊德学院的图书管理员，准备指定后者帮助玛丽。但这位管理员女士自身就是一个机构，克罗德－贝尔纳德街（rue Claude-Bernard）上的学院简直就是她的地盘，所以她并没把拉康的话听进去。玛丽去报到的时候，管理员说"如果拉康医生想这么办"，玛丽的确可以留下，但她本人没有可以给玛丽的工作。我的朋友就这样退休了。我对拉康提到这次面试时，他嘟哝着，玛丽"并不想工作"。正当我要反驳他时，他补充道："她并不想成就一番事业。"这个判词很适合玛丽，她自己也承认了。况且，在那个蒙恩的年代，"成就一番事业"不是人们的理想。为之劳心费神反倒是俗气了。

助人为乐的拉康不怎么考虑受助者的心情，对我们的帮助也并不总有成效。几年后，我打算在机构里找一份心理治疗师的工作。我向其中一家提交了申请，也给拉康通了个气。他立马就打电话过去介绍我是"我国驻阿大使的女儿"，以支持我的申请。对他而言，这是最好的推荐，而他这个干预，据我后来所知，有些成效，不过是他意料之外的成效。

我常常向拉康提到我的朋友们，他也总是乐于倾听他们的事情。其中有一位心理学家，接受分析能让他获得精神分析家的资格，但他总是下不了决心。他说他很反感"付费"。我把这个笑话讲给拉康，拉康就针锋相对地回道："我会给他开个无可匹敌的低价。"于是我成了该提议的信使。拉康言出必行，很快，他就表示，既然我朋友不想付费，那也就不关钱的事了。我不知道后者为何放了拉康的鸽子，但他的状况一定很糟糕，因为他让我向拉康捎了封信：那是在我们吃饭的餐馆桌子上草草写就的，放进信封前还故意用红酒弄脏，信封也是乱写一通。这一回，我并不以当这封信的信使为荣，回信时，我对这位寄信人的态度，也就如同他对拉康为他保留的慷慨的态度一样了。

拉康充满好奇心，能去参加我朋友拉扎尔·戈德扎尔（Lazare Goldzahl）在萨克雷（Saclay）主导的基本粒子实验让他很开心。对拉扎尔而言，他喜欢把访客们带进核物理最神圣的部门，以便让人们认清其研究，那差不多是一个用来避免辐射的混凝土掩体，桌上摆着几台电脑，隔壁就是巨型粒子加速器。拉康对我朋友们的名字本身也很关心。他在讨论班中就评论了我朋友戈德扎尔这个意为"与黄金等价"[1]的名字，还提到掌控自然界的黄金比例。还有一次，他认识了莫里斯·卢西安尼的一个朋友杰奎琳娜·维蕾（Jacqueline Veiler），一位盖丘亚语（quechua）专家，拉康随即请她介绍这门语言，并跟她学了几节课。讨论班里，拉康提到了维蕾和"软腭音"（vélaire）一词之间的谐音，后者指的是通过软腭发出来的辅音。于是拉康提出，名字本身就有宿命的色彩。

75 年 2 月，拉康受邀去伦敦和牛津举行讲座。我是第二天才去找的他，因为不愿意翘班，就没和他一起出发。我到之前，是格洛丽亚在旅途中陪他一起。他从未想过单独一个人去某个地方。

---

1 戈德扎尔，此词在德文中意为"黄金的数目"。——译者注

后来他在法国协会[1]（l'Institut français）做了一次讲座。协会领导正是在前面这次出行中认识的拉康。他们夫妇非常热情地招待了我们。夫人带我去了碧芭（Biba）——当时最时尚的大商场，还执意请我挑两条连衣裙。我从未遇见过这种事。这两条裙子我高兴地穿了很长一段时间，以纪念这段快乐时光。

接下来，拉康去伦敦精神分析圣地塔维斯托克诊所（Tavistock Clinic）做了一次讲座。马苏德·汗（Masud Khan）也出席了，我读过其关于倒错的一些著作，他接下来在一间餐厅宴请了我们。马苏德的大官人派头时刻提醒着人们其贵族血统，不过他还是很讨人喜欢。这位杰出人物，是温尼科特的学生兼合作伙伴，不久前去世了。似乎当年他以一种不被同行认可的离经叛道而自行其是。据说，他的晚年是在孤独和酒精中度过的。而他与温尼科特之间分析的界限，成了盎格鲁-撒克逊精神分析圈内的热门议题，这表明自由之精神盛行于芒什海峡对

1　法国协会，2007 年由法国外交部创立，致力于在全球推广法国文化、法语文化等。——译者注

岸，亦盛行于分析家们之间。

我已经忘了当时我们下榻酒店的名字，不过还记得拉康的一句玩笑，他之前在走廊里见到一幅伊丽莎白女王的肖像，还说和我很像。对于一个拥有碧姬·芭铎（Brigitte Bardot）般美貌的人来说，这话简直气人，可也不是第一次有人这么说了。

不久后，我陪拉康去弗莱堡拜访海德格尔。当时拉康得知海德格尔遭遇了心血管疾病发作，按后者的话说，他希望去世之前再见拉康一面。二人很早就认识了，拉康 50 年代初和他的分析者让·波弗雷（Jean Beaufret）初次拜访了海德格尔。拉康还把海德格尔的一篇题为《逻各斯》（Logos）的文章译成了法文，并于 56 年发表在了《精神分析》（*La psychanalyse*）期刊上。55 年，受波弗雷和莫里斯·德·冈蒂亚克（Maurice de Gandillac）之邀，海德格尔到瑟里希拉萨勒（Cerisy-la-Salle）参加了一次学术研讨会。返程途中，海德格尔夫妇在吉特朗古尔落脚，并住了些日子。拉康载着他们在附近逛了逛，和往常一样，不要命地飙车，完全不顾海德格尔太太的惊呼。

我们乘飞机去了巴塞尔（Bâle），在那儿参观了一间很棒的美术馆，随后租了辆车去了弗莱堡，那里有人在等着我们。

海德格尔住在高级住宅区一所比较新的房子里，完全不符合哲学家让我联想到的林中小屋的图景。海德格尔太太带着威严叫我们用了她为访客准备的门垫后，才给进门。凭着我的汝拉[1]血统，我知道这是山区积雪带来的习惯。我还知道，在北欧国家，人们进屋前要脱掉鞋子。但那时是四月，于是我感到我们被当成了外部世界秽物的携带者。我从弗洛伊德那里学到，对无意识而言，外部和外国人是同义词，也就是敌人，也泛指可恨的人。我一方面感到一种身为入侵者的不适，另一方面则感到一种"门垫"和"形而上学"之间未曾料及的对比所带来的

1　汝拉（Jura），法国东部山区省份，邻近瑞士，因地处汝拉山脉而得名。——译者注

窃喜。

我们被请进了一个房间，海德格尔就在那儿躺在长椅上。一坐到他身旁，拉康就开始分享自己最新的理论进展，即他正在讨论班中展开的关于波罗米结的运用。为了展示他的想法，拉康从兜里掏出一张一折四的纸给海德格尔看，上面画着许多结，而整个过程海德格尔一言不发，眼睛也一直闭着。我不清楚他是不感兴趣，还是身体机能太过衰弱。拉康可不是轻言放弃的人，他恐怕想让这个场景一直持续下去。幸好，提前约定的时间一到，海德格尔太太就进来结束了这场"对谈"，以便"让她丈夫得到休息"。于是我们回到了门口的垫子，紧接着，海德格尔夫妇在左近的餐厅宴请了我们。

我显然被那些门垫惹到了，一出来我就问拉康，海德格尔太太以前是不是纳粹分子。"当然是"，他回答说，当时，基本没人质疑海德格尔和纳粹之间的关系。那时维克多·法里亚斯（Victor Farias）

的书 [1] 还没出版。

　　午餐时，海德格尔的话稍多了些，但整个对话不太有活力。因为拉康只能阅读德文，也就是说他不会讲，而主人家的法语又很糟。分别前，海德格尔送了我一张他的相片，明信片大小，他在背面写道：1975 年 4 月 2 日造访弗莱堡留念（*Zur Erinnerung an den Besuch in Freiburg im Bu. am 2. April* 1975），不过没有题我的名字。这份给粉丝的手迹让我有些震惊，我虽不曾索要，但我很恭敬地保存着它。一位病人在我书房的架子上看到了这幅相片，还问我这是不是我爷爷。

　　是这年还是头一年的圣灵降临节来着？拉康带我去塞文山区（les Cévennes）拜访了他的一位朋友，阿尔曼·佩提让（Armand Petitjean）。他和夫人，以及九岁的女儿住在一处大宅子里。在那里，他以畜牧和耕种过着自给自足的生活，并为此十分自豪。

1　即维克多·法里亚斯的代表作，《海德格尔与纳粹主义》。——译者注。

这是一位早期的环保主义者，可与当时的埃德加·莫兰（Edgar Morin）媲美。

　　年轻时，阿尔曼就已经作为一名新锐作家崭露头角，二十岁时就试着翻译了乔伊斯的一首《芬尼根的守灵夜》（*Finnegans Wake*）般难懂的诗歌。他还和德里厄·拉·罗歇勒（Drieu la Rochelle）[1] 很要好，与之分享其日常创作，并发表在后者主管的《法国新评论》（*La N.R.F.*）上。42年加入吉罗将军（général Giraud）的抵抗运动前，他还把文章发表在了其他一些法奸刊物上。解放后，阿拉贡（Aragon）曾提议枪决阿尔曼。让·博朗（Jean Paulhan）为他做了辩护。阿尔曼不是戴高乐派，也未加入共产党，是个吉罗派，于是人们便指控他早先加入过贝当派（pétainiste）[2]。最终，肃反委员会（le Comité d'épuration）还是宣告他无罪，不过这些变故也让他的文学生涯就此破灭。关于历史对他的放逐，隐居田园、自驭心性，

1　罗歇勒是纳粹占领法国期间著名的通德分子。——译者注。

2　即亨利·菲利普·贝当（Henri Phillipe Pétain）的派系。贝当曾是第一次世界大战英雄，第二次世界大战时成为法国维希政府元首，至今被法国人视为叛国贼。——译者注。

便是他给出的回应。

浸润整片庄园的田园牧歌，东道主的质朴情致，都让我想到安道尔伯特·斯蒂夫特（Adalbert Stifter）的《后季》（L'Arrière-Saison），以及这隐退生活的忧郁基调，尽管一切都为了赏心悦目而拾掇得精致而简约。这里，种种布置也都透着绝望。

我存着一张拉康在这次旅行中的漂亮照片，图中，他正和主人家那个深得他心的女儿一起翻着书。阿尔曼一家还带我们去尼姆的斗牛节（la feria de Nîmes）看了一场斗牛。尽管有无数种冠冕堂皇的理由去欣赏这场盛会，可我对此不啻是充满抗拒。要不是拉康对我的憎恶感同身受，他肯定会表现得像个狂热观众。

拉康总是乐于回应向他提出的请求。有时还会投以十分的好感，就像对贝诺·雅科那样。雅克·欧贝赫经由玛丽亚·若拉斯（Maria Jolas）请拉康在75年6月索邦大学召开的"第五届乔伊斯研讨会"致开幕词时，也是如此。一年多的时间里，二人有着频繁的工作往来，于是这真实的相遇变成了一段绵长的友谊。欧贝赫请他去"开幕式"时，拉康早已在阿德里安娜·莫尼耶（Adrienne Monnier）的书店邂逅了乔伊斯。那时他才六十九岁。七十岁那年，巨著《尤利西斯》（*Ulysse*）[1] 在《莎士比亚书店》

---

1 原文如此。乔伊斯小说题为 *Ulysse*。——译者注

（*Shakespeare and Company*）出版前不久，他就在莫尼耶书店里抢先读过了其中一些篇章。所以说，当欧贝赫找到他的时候，乔伊斯已经陪伴他有些日子了。在别的地方，拉康也提到了乔伊斯，比如前些年的《涂文于地》（Lituraterre）[1]一文。

6月，拉康决定把与乔伊斯的重逢定为下个讨论班的主题，题为《圣状》（Le sinthome），即"症状"（symptôme）一词的旧写法，听起来也像是"圣人"（saint homme）。欧贝赫长期参加这个讨论班。一天晚上，在主宫医院（l'Hôtel-Dieu），欧贝赫参加了一个菲利普·索莱尔列席的晚间会，拉康也在场。

那个夏夜给我留下了一段美好的回忆，欧贝赫和我们在路易-菲利普桥（pont Louis-Philippe）对面的餐厅露台上共进了晚餐，此后便成了朋友，并一直是朋友。他待人殷勤，无微不至。他和当晚同行的欧贝赫夫人维内特（Venette），都同样光彩照人，

1　该词系拉康通过 lino（涂、线）、litura（涂料）、liturarius（涂改所画杠）、littera（书写、字）、littérature（文学）、terre（土地、地面、地球）等词的凝缩所做的文字游戏。第二十个讨论班中拉康谈及该词时提到"语言的云集（……）造就了书写（La nuée du langage[…] fait écriture）"。——译者注

我当即为之倾倒，拉康亦是如此。

在那年的讨论班里，拉康的殷勤已经到了尽心竭力的地步，一整年里，要么写信，要么发气动管道信，要么打电话，不停地请他来。雅克·欧贝赫居住并任教于里昂，可他还是常常每周来巴黎待一段时间。拉康要是没能去接他，晚上都会在门前等到他来为止。拉康常常迫切地问他要一些参考书目，一些自己搞不到的乔伊斯著作，并请他回答一些同乔伊斯有关的问题。

书都屯在了吉特朗古尔。房间里的桌上摞着成堆的书，床上至少摊开着五六本拉康同时在读的，一会儿读这本，一会儿读那本。那是我第一次见他读书读得这么起劲。乔伊斯的所有著作，还有一些评论者的文章，都在那里，基本都是英文的。轮到我读的时候，理查德·埃尔曼（Richard Ellmann）、弗兰克·巴德根（Frank Budgen）、克莱夫·哈特（Clive Hart）还有罗伯特·M.亚当（Robert M. Adams）等人的名字早已耳熟能详了。长期以来，拉康都受曲面拓扑学吸引，并且用"一致性"这个术语来描述他的波罗米结，于是亚当的文章《曲面与象征，詹姆斯·乔伊斯〈尤利西斯〉的一致性》（Surface and Symbol，the Consistency of James Joyce《Ulysses》）注定会吸引拉康的注意力。

他如痴如醉地徜徉于这些文本，时不时让人觉得他已深陷其中。但在讨论班里，他又从这些文本中简单明了地提出了一种临床上的大胆变革。乔伊斯与拉康，两人的严谨相得益彰，这也让他重新审视精神分析的基础：症状是什么，它和无意识的关系是什么，这两者和拉康长久以来试图厘清的三个范畴之间的关系是什么。三个范畴，即符号、想象，尤其是实在，后者逐渐成为拉康疑问的客体，我甚至可以说，成为折磨他的客体。

那一年，经过一番抽丝剥茧，他的教学达到了一种前所未有的澄明。理论发展虽不多，但却更为光彩夺目和清丽脱俗，打了惯性思维、偏颇之见和陈词滥调一个措手不及。他的风格也不再那么戏剧化，那颇具攻击性的棱角也渐渐钝去，这也是他抽丝剥茧的一部分。有一天，他叹道："我老了，变温和了。"在与雅克·欧贝赫的关系中，这份温和，和他的单纯一样，使后者感到震撼。

前段时间吃饭时，欧贝赫告诉我：有一天，拉康乘车送他去里昂站[1]，并把他在那儿放下，说自己工作室还有个病人要看，但一个小时后会在发车前过来跟他说声再见。雅克·欧贝赫觉得拉康并没有真的想要回来，便乘了最先出发的那班车。回到里昂家中，欧贝赫太太告诉他，拉康给他打了无数通电话：找遍了他本打算乘的那班车每一节车厢，都没能找到他，拉康都快急死了。也就是说，拉康真的回来找他了，说到做到。雅克·欧贝赫对拉康的做法深有感触，备感惊讶。这种做法本身已经算得上一份教导了。

---

1 指巴黎的交通枢纽"里昂站"，而非欧贝赫所居城市"里昂"的车站。——译者注

开乔伊斯讨论班那一年，我得到了公映前观看大岛 [1] 那令我印象深刻的电影《感官世界》（*L'Empire des sens*）的机会。我立刻告诉了说过想看的拉康。我和该片制片人安纳托·多曼（Anatole Dauman）有几分交情，便打电话跟他说了拉康的心愿。他为这个认识拉康的机会感到十分开心，当即特意给拉康安排了一场放映，并告诉拉康可以邀请所有他想要邀请的人。于是学院里相当一部分人都去了，都有些当场石化。拉康在讨论班里也提到了这部电影。他说，他为之"震惊"，并补充道，让他震惊的是"极端的女性色情狂"，是在死亡幻想和阉割男性的幻想中到达顶峰的色情狂。

多曼因拉康而激动万分，便打算邀请一些他认为可能对拉康感兴趣的演员或导演共进晚餐。于是他邀请了伊莎贝尔·阿佳妮（Isabelle Adjani），还有一次，请的是波兰斯基 [2]（Polanski），都是在卢卡·卡

---

1 大岛（Oshima，1932.3.31—2013.1.15），日本导演、编剧、演员。——译者注
2 波兰斯基的癖好十分稳定，多次被控"与未成年人非法性交"成立。——译者注

尔顿（Lucas Carton）餐厅，我在万森纳下课后去参加了后面这一次聚餐。我差不多晚上十点半到的，晚餐已经持续了两个多小时，而拉康还是一如既往地寡言少语。有少女相伴的波兰斯基话也不多。似乎所有人都等我等得烦了，甚至拉康都巴不得先走了。要说我不在场的那次晚宴不怎么样，我一个字都不会信，那可是和阿佳妮[1]啊。

被乔伊斯和"波氏结"纠缠着，拉康变得越来越沉默。他称"波氏结[2]"，是在玩弄一个和尼波山（le mont Nébo）有关的歧义。尼波之巅，摩西发现了应许之地（la Terre promise），并在那儿死去。从讨论班《安可》开始，波罗米结在其教学中地位日渐显要。《圣状》之后那个讨论班中，几乎全是波罗米结，尽管其题目差不多是乔伊斯式的：L'insu que sait de l'Une-bévue s'aile à mourre[3]，这让人想到

1　阿佳妮曾被誉为"法兰西第一美人"。——译者注

2　"尼波山"（mont Nébo）和"我的波氏结"（non noeud bo）谐音。——译者注

3　此标题在法文中并无实际意义，只是一个通过谐音构成的文字游戏，以至于几乎无法翻译。不过也可以根据谐音翻译成"错之未错即是爱""无意识失败即是爱"等。——译者注

《芬尼根的守灵夜》（*Finnegans Wake*）中的跨语言谐音游戏，比如 Who ails tongue coddeau, a space of dumbillsilly[1]，对此，据拉康自己所说，如果没有雅克·欧贝赫，自己也许就不能把它理解成"你的礼物，在愚蠢之处"（Où est ton cadeau, espèce d'imbécile）。

他并不满足于画波罗米结，也剪断并重新连接"绳的端点"来缠结。我会定期去市政厅百货商场的上层货架给他买些水手缆绳，就是用来做帆角索和吊索的那种，事实证明这类绳子最符合拉康想要的用途。我会买我能找到的各种尺寸、各种颜色以及用各种方法编织的绳子。拉康会截下足够长的一段，以便用透明胶连起两端。通常来说，人们都是用针来做连接，但拉康不用针，因为他对针线活有些过于缺乏耐心。对透明胶带，他也要求找到一种最适合他使用的。

---

1 词句同样没有实际意义，是乔伊斯制作的独特表达。coddeau 和 dumbillsilly 作为词，不属于任何语言，正如拉康所说，是跨语言的文字游戏。整句与下文"你的礼物，在愚蠢之处"谐音。——译者注

久而久之，这些链条和绳结变得越来越有侵入性。倾听病人时，拉康也在继续编织。他的工作室里，绳结铺了一地。有时候，格洛丽亚会把它们收到拉康书桌下的塑料袋里。在他吉特朗古尔的房间里，绳结也到处都是。

醉心拓扑学的年轻数学家皮埃尔·苏里（Pierre Soury）和米歇尔·托梅（Michel Thomé），在73年末就向拉康表示，对其著名的运用结的方式很感兴趣。于是讨论班里便有了一些长期的对话交流。

拉康常常搅扰他们。由于两人没有电话，当时在巴黎那可还是稀罕物，拉康就给他们发了很多气动管道信，他对这种联系方式情有独钟。有时候他也会登门拜访这两人。移动电话横空出世的时候[1]，拉康是多么开心啊！当时，用于向医生报警的急诊铃开始推广。雅克-阿兰开玩笑说我应该装一个，以便拉康随时来找我，因为拉康求之不得。还是免了吧。

1　第一部移动电话于1973年问世。——译者注。

我们可以在网上读到这些气动管道信，不过后来就只有发给苏里的了，毫无疑问，托梅退出了。拉康的请求总是非常急迫，常常就是求救的措辞，有时甚至直接就写"救命"两字。周末，拉康偶尔会带苏里去吉特朗古尔，并在那儿一起工作很长时间。不是79年就是78年初，我去伊维萨岛的朋友玛丽那儿待一周时，接到了格洛丽亚的电话，拉康在去吉特朗古尔途中出了事故，同行的就是苏里。他当时错过了高速公路的出口，便试图在最后关头漂移一把以挽回过失，结果却把车嵌进了防护栏。从车里出来时拉康毫发无伤，苏里却是鼻青脸肿，那辆漂亮的白色敞篷奔驰也报废了。拉康没再买车，也不再开车。他向实在屈服了，而那个防护栏正是实在的一部分。

拉康施加的压力无疑让苏里备受考验。但拉康的讨论班停止，并不再给他打电话时，苏里彻底陷入了慌乱。得知拉康患病，苏里便给他写信表示希望跟他做分析，但没有收到回信。在极度的痛苦中，

苏里写给他的朋友们："我打算自杀。"81 年 6 月
2 日，人们在阿弗莱城（Ville-d'Avray）旁边的森林
中发现他时，尸身已无法辨认。两个月后，拉康去世。

最后几个讨论班里，绳和结逐渐取代了话语的
位置，后者往往简化为拉康用粉笔在黑板上描绘的
图示。这些结不断"烦扰"着他，叫他"想破了脑
袋"，而他对精神分析的看法似乎是它们的先决条件。
精神分析中，实在一侧的东西折磨着他，而他似乎
在找一个出口，结正是这个出口的化身。但是实在
这边真的有出口吗？实在即不可能，他自己早就这
么说过了。

此后的学院"日间会"上，拉康很少发言，并常常表现出气馁，甚至用简单一句话来作结："开得够久了！"

我问自己，也问拉康，是否他还对精神分析感兴趣，是否他曾对精神分析感兴趣过。这个令人目瞪口呆的问题表明了我的慌乱。他即刻答道，精神分析曾让他充满激情。重音在"激情"这个词上。从某种程度上来说，这份激情一直都在，通过他对结的强迫状态，这份激情也许变得更加激进而纯粹。可是他对其他事物的撤销投注，使我忘却了他那从不停息的好奇，还有他那往日的欢欣。

78 年夏，我们去了西西里。一切都让他不耐烦，而他又试图掌控一切。他对打算参观的地方已不再有兴趣。他的学生，一位巴勒莫（Palerme）的精神分析家，作为向导不太称职，这助长了他的不耐烦。我还记得发生在诺托（Noto）的慌乱，在那座热得荒无人烟的城里，我们迷路了，根本找不到向导们所说的古迹。在巴勒莫时，拉康常常待在酒店房间画他的结。于是我就一个人出门，还被打劫了。旅程之初，我们上到埃特纳火山（l'Etna）之巅。巨坑边缘，烟气氤氲，一个疯狂的想法让我焦虑万分：他可能会像恩培多克勒（Empédocle）一样在此纵身一跃，而我必随他而去。

这种退缩于我也有共鸣。时至今日，我仍难以回想往日种种。那些类似于虚无主义的东西对我而言变得陌生。可如果说虚无主义指的是一切价值的破灭，那么这个词就既不适合拉康，也不适合我。因为他已被对结的激情所吞没，而我也将一切都倾注于精神分析。我感到自己的步调和他出奇一致。在我协助他化约为绳的过程中，我仿佛重新找到了曾经的一种返璞归真的理想。认识拉康以前，我正寻觅着不可化约、万古不易之物，而不论它究竟是什么，也寻觅着那傲视他物的决定性。拉康沉默不语的年月里，若非他为我化身为一种苦行，这个理想、这场寻觅都将难以为继。浮华在藐视一切中消磨殆尽，唯有本心尚存。于是，和他在一起的生活就像一个巨大的燔坛，所有虚假价值都在此灰飞烟灭。

所以说他好像与我心意相通，这指的不是那份我难有共鸣对结的激情，而是我们对钟情之物以外的一切都不感兴趣。在他的激情里，人们可以重新看到他一贯的专注，他那心无旁骛，直捣黄龙的风格，而这种更为纯粹的专注也让他自我孤立，不能再同往日一样更换客体了。

我把这藐视其他一切，独尊不可化约之物的倾向用到了我和精神分析的关系之中。这些年里，我和拉康的分析一直在继续。去找拉康成了一种赌博，对我而言，赌注是生或死的问题。游戏早已开始，尽管在我们之间变成亲密关系时，发牌方式已经变了，我也无法撤回赌注，把问题带往别处。拉康也很明白，于是他加注了，我跟。

　　我偶尔会觉得他把做实验的心态带进了我们的关系。他会考虑到情境的特殊性，并不时对此加以利用。于是他有时会借助日常生活中的行为悄悄塞进一个解释。有时，一想到自己不能在一些非常特殊的情况下很好地进行分析，我便会告诉他我的担忧。一天，他回答我："是的，是缺了一些东西。"这让我说不出话来，我觉得这涉及的东西过于沉重了！这个似乎是决定性的缺失在那儿闹个不停，而我好像无可奈何。

　　在我和他持续进行的分析工作中，出现过这样一个时刻，它所揭示的真相起初让我感到绝望。不过，拉康知道如何避其锋芒，同时减轻其后果。这是我分析中一个重大的治疗转折点。长期扎根于我的焦虑似乎被清理掉了。铁腕不再紧扼我的神经丛，狐狸也不再撕咬我的肚子，我的身体获得了一种前所未有的平静。教学和写作曾让我感到非常痛苦，这些都突然好转了。就这样，我活过来了，生命也变得可以承受了。

显然，这片被扫清的空地上立马出现了一个欲望，一个必须要实现的欲望：年岁迫使我把孩子的问题提上了日程。但想和拉康要一个孩子已经来不及了。由于这个欲望，我跟他的分析变得要多刻毒有多刻毒，而我也不想让这个欲望始终都是一纸空文，因为在我眼中，这可能会荒废我整个人生。终于，我狠心离开了他，以实现这个欲望。于我，肝肠寸断，于他，亦是浩劫。

尽管我还整天去见他，有时也陪他去吉特朗古尔，可我再也不会在里尔街过夜了。雅克－阿兰跟我说，一天夜里，拉康是如何溜进了外孙卢克的被窝里的。这个无声的请求太明显了。于是雅克－阿兰和朱迪丝搬了出去，好腾地方给他。

　　紧接着是痛苦的两年。他不得不经历弗洛伊德学院解体的悲剧，承受其中爆发的暴力事件，而无法省心。我则一个人待着，太过阴郁而不能见他，只能带着与日俱增的悲伤眼看他身体一点点垮掉。

　　得知自己罹患肠癌时，拉康拒绝接受治疗。朱迪丝让他给个理由，解释为什么做这样的决定，他回答道："因为这是我的幻想（fantaisie）。"

　　有人说他是害怕手术，但我从未见拉康怕过任何东西。不愿苟延残喘，这很符合他的风格。

　　最后关头，他还是接受了一项手术治疗。不在巴黎的我即刻返回。他以一个无声的微笑迎接了我。术后，在他陷入昏迷之前的几个小时里，我不曾见他有一丝焦虑。

　　几周以后，我又回到了吉特朗古尔。绿色小书房里的我，感到自己开了一个洞，悲伤在那里挖啊挖，

挖啊挖，漆黑一片，深不见底。

如今，我也到了拉康认识我时的岁数。是什么让我决定写下这些回忆啊？似乎有个为了再见他一面而立下的君子之约。再者说，到我这般年纪，也该问问自己这盏残灯余油几何了，一切也都在提醒着，趁着有光，赶紧下笔。

记忆总是不太可靠，但书写的确使回忆重焕生机。写着写着，往日浮现，刹那间，他的存在又回到了我身边。

图书在版编目（CIP）数据

与拉康一起的日子 / （法）凯瑟琳·米约
（Catherine Millot）著；吴张彰，何逸飞. --重庆：
重庆大学出版社，2024.1
ISBN 978-7-5689-4209-6

Ⅰ.①与… Ⅱ.①凯…②吴…③何… Ⅲ.①精神分
析 Ⅳ.①B841
中国国家版本馆CIP数据核字（2023）第214740号

与拉康一起的日子
YU LAKANG YIQI DE RIZI

［法］凯瑟琳·米约（Catherine Millot）　著

吴张彰　何逸飞　译
策划编辑：敬　京

责任编辑：敬　京　　版式设计：敬　京
责任校对：关德强　　责任印制：赵　晟

*

重庆大学出版社出版发行
出版人：陈晓阳
社址：重庆市沙坪坝区大学城西路21号
邮编：401331
电话：（023）88617190　88617185（中小学）
传真：（023）88617186　88617166
网址：http://www.cqup.com.cn
邮箱：fxk@cqup.com.cn（营销中心）
全国新华书店经销
天津图文方嘉印刷有限公司印刷

*

开本：880mm×1240mm　1/32　印张：4.125　字数：56千
2024年1月第1版　　2024年1月第1次印刷
ISBN 978-7-5689-4209-6　定价：49.00元

LA VIE AVEC LACAN

by Catherine Millot

© Éditions Gallimard, Paris, 2016.

版贸核渝字（2018）第 224 号